MATHEMATICAL & LOGICAL PUZZLES

SHERLOCK  HOLMES

数学思维训练营

福尔摩斯的初级探案谜题

[法] 皮埃尔·贝洛坎 著
[法] 基恩·鲁巴克 绘
芽芽妈妈 译

上海科技教育出版社

图书在版编目（CIP）数据

福尔摩斯的初级探案谜题/（法）皮埃尔·贝洛坎著；（法）基恩·鲁巴克绘；芽芽妈妈译.—上海：上海科技教育出版社，2023.1（2024.6重印）

（数学思维训练营）

书名原文：Math & Logic Games: Over 100 Challenging Cross-Fitness Brain Exercises

ISBN 978-7-5428-7705-5

Ⅰ.①福… Ⅱ.①皮… ②基… ③芽… Ⅲ.①数学–普及读物 Ⅳ.①01-49

中国版本图书馆CIP数据核字（2022）第151232号

责任编辑 顾巧燕
装帧设计 杨 静

数学思维训练营

福尔摩斯的初级探案谜题

［法］皮埃尔·贝洛坎 著
［法］基恩·鲁巴克 绘
芽芽妈妈 译

出版发行 上海科技教育出版社有限公司
（上海市闵行区号景路159弄A座8楼 邮政编码201101）
网　　址 www.sste.com www.ewen.co
经　　销 各地新华书店
印　　刷 上海中华商务联合印刷有限公司
开　　本 720×1000 1/16
印　　张 10.25
版　　次 2023年1月第1版
印　　次 2024年6月第2次印刷
书　　号 ISBN 978-7-5428-7705-5/O·1167
图　　字 09-2020-986号
定　　价 68.00元

目　录

引　言

Introduction

准备好和侦探大师一起进行数学逻辑训练了吗？

你的任务是协助著名大侦探的朋友、忠实伙伴——约翰·H.华生医生，提高他的数学和逻辑推理能力，使他也能具有和他的朋友夏洛克·福尔摩斯一样敏锐的观察力和破案能力。为了从各个方面挑战你的大脑，这本谜题集涵盖了不同情境下，形形色色、丰富多彩的冒险经历。

与我们大名鼎鼎的两人拍档一起，你会发现自己将经历多种多样的场景，并与各种各样的角色互动。你将穿越河流、沙漠和棋局，探究数字、文字和图案，并带着逻辑分析走进许多奇特的社会情境。所有这些，需要的只是你的日常逻辑和想象力。

所有这些谜题都有一个共同点——它们都需要通过数学和逻辑思维来解决。你会发现像“沙漠中的旗帜”这样的文字类题目，它要求你列出在沙漠中行进的探险者携带饮用水的所有可能方式。你还会遇到诸如“兄弟的生日”这样的逻辑推理题，需要你验证所有的逻辑可能性来确定兄弟的生日。除此之外，还有许多其他烧脑的挑战在等着你哟！

现在，让我们开始吧，提高你的数学和逻辑思维能力吧！

问 题

Question

1

帽子和自行车

华生，这是我们的第一个逻辑难题。我们的3位年轻朋友，C克劳德、B伯纳德和A安德鲁，今天早上决定一起出去骑行。但是他们骑行结束回来的时候，头上戴的帽子和骑的自行车，与出发时完全不同。根据以下事实，你能确定是谁骑着A安德鲁的自行车吗？

- 每个人都骑着一位同伴的自行车，但是戴着另一位同伴的帽子。

- 那位戴着C克劳德帽子的朋友，正骑着B伯纳德的自行车。

2

家庭聚会

这道题不像它第一眼看起来那么复杂，华生。在一次家庭聚会上，似乎有11个人，包括1个父亲、1个母亲、1个儿子、1个女儿、1个哥哥、1个妹妹、1个表兄、1个侄子、1个外甥女、1个舅舅和1个姑姑。但是，最后只有2个男人和2个女人到场，而不是11个人。

鉴于他们有共同的祖先，并且互相都不是夫妻，你应该如何解释这种情况？

3

火车计时

华生，我们必须确定刚刚经过车站的那列火车的速度和长度，因为这是我们当前案件的核心。刚刚给火车计时时，你应该已经注意到，火车从你身边经过只用了7秒，而横穿380码长的火车站却一共花了26秒。

鉴于这些事实情况，火车的速度和长度是多少呢？

4

正方形切割

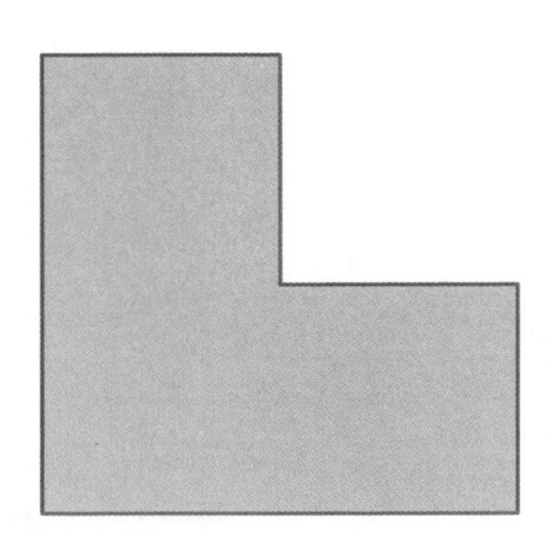

拿出你的剪刀来，华生，我们一起来做一个分割研究。如果像上图一样，我们已经从一个正方形中移除了$\frac{1}{4}$，当然已移除的部分也是一个正方形。那么，我们应该如何切割原来正方形剩下的部分，使它仍然可以被分成4个相等且互不重叠的区域？

5

巧妙的切割

这是另一个分割研究。像上图一样，如果在正方形中移除的$\frac{1}{4}$是一个三角形，我们该如何将正方形的剩余部分分为4个全等且不重叠的区域？这里有一条提示：这个难题巧妙的部分就在于“区域”一词的含义。

6

沙漠中的旗帜

华生，你读过《泰晤士报》关于那次非凡探险的报道吗？一支英国探险队成功地在一片荒漠地区插上了一面英国国旗，那里离他们的营地有4天的步行路程呢。

携带食物和国旗本身不是此次探险的难点，真正的挑战与水有关——每人最多只能随身携带5天的水。这意味着，如果你独自旅行，你所能携带的水只能维持$2\frac{1}{2}$天的来回旅程，因为你必须把前往插旗目的地和返回大本营的路程全部计算在内。

在这种情况下，你如何在携带不超过20天的供水，并且征募不超过3名额外旅伴的情况下，完成这个徒步旅行任务？

7

用更少的水完成沙漠探险

你还记得在第6题中，探险队在沙漠里徒步旅行了4天，只消耗了20天的供水吗？好吧，第二支探险队伍用了更少的人员和不到15天的供水，完成了这次探险。

你知道这是怎么做到的吗？

8

继续沙漠探险

似乎没有什么能阻止第三支探险队在沙漠中插上旗帜——依然是从大本营出发的4天徒步探险旅程。参赛队不允许他们的队员携带超过20天的供水。事实上，即使是14天的供水对他们来说也太多了。

你觉得他们怎么做才能比前面的探险队做得更好？他们真正需要的供水量最少是多少呢？

9

不可思议的沙漠问题解决方案

华生，我们的探险者在征服沙漠的过程中，正持续打破以往的所有纪录。前面的第一支探险队，在新队长的带领下，只使用了$9\frac{1}{2}$天的供水，而不是$11\frac{1}{2}$天的供水，就完成了这次探险。

这有可能做到吗？（提示：和前几次探险不同，并非所有的队员都安全返回。）

10

沙漠问题的终极解决方案

真是难以置信，华生！第四支探险队也就是最后一支探险队又创造了用水纪录！到达沙漠旗帜位置的徒步旅程时间保持不变，并且探险的条件相同：团队不可以携带超过20天的供水。然而，这项纪录并不是用了$9\frac{1}{2}$的供水，而是用了更少天数的供水！

他们是怎么达到这个目标的？我来给你一条关于这个疯狂方案的提示吧：这个方案只取决于探险队的人生终极目的，而不是先前的那种沙漠困境解决方案了。你能猜到他们是怎么做的了吗？

11

小船上的嫉妒

只要有船，5对夫妻过河的解决方案原本可以很简单，但我们的夫妻们还是有点嫉妒。告诉我你的想法，华生。

有5对夫妻，他们想用一条最多容纳4人的船过河。

如果任何一个女人没有自己丈夫的陪伴，就不能和其他男人一起留在河岸上或者在船上——就算其他男人的妻子陪伴在身边也不行。他们至少要乘多少次船，才能全部过河？

12

更小一点的船上的嫉妒

现在试着把题目改动一下。有4对夫妇在岸边，只有一条最多同时容纳3人的小船能将他们带到对岸。嫉妒再次使情况变得复杂。没有一个丈夫愿意让自己的妻子在自己不在场时和其他男人待在一起，无论是在船上还是在岸边。

那么这次，他们至少要乘多少次船，才能把每一个人都送到河对岸呢？

13

令人无语的嫉妒

啊，华生。我们又要面对嫉妒的挑战了。6对夫妇准备乘坐一艘能同时载5人的船过河。更重要的是，无论是在船上或者岸上，没有一个丈夫会允许他的妻子趁他不在场时，和任何其他男人一起。考虑到以上这些情况，大家全部过河需要乘船多少次呢？

14

关于嫌疑犯的逻辑推理

天啊，太多嫉妒了。我们来试一下其他的内容吧。下面3个嫌疑人中，只有一个是有罪的，下面是每个人在法庭上的证词。

嫌疑人A："B有罪。"

嫌疑人B："A刚刚在说谎。"

嫌疑人C："A有罪。"

嫌疑人A："C的下一句证词是真的。"

嫌疑人B："A的后一句证词是假的。"

嫌疑人C："A的两句证词都是假的。"

你能推理出哪一个人有罪吗？

15

当且仅当

这里有一道有趣的逻辑推理难题。有一个植物园主管，他手里的钱只够给2个园丁加薪，可是他却有3个园丁：汤姆、迪娜和哈里。由于爱好逻辑推理，这个主管得出了下面的两个逻辑条件，通过这两个条件总结了目前的窘境。

- 当且仅当主管给汤姆或迪娜或两者都加薪，但不给哈里加薪的时候，汤姆才会加薪。
- 如果主管给迪娜加薪，那么哈里也会加薪。

你知道谁会加薪吗？

16

互换棋子

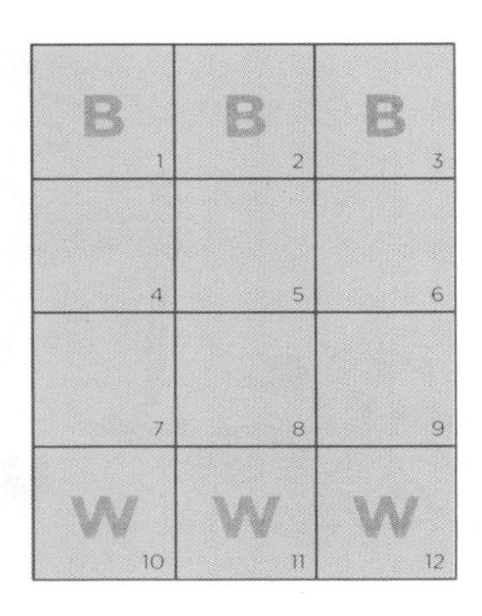

华生，既然你喜欢国际象棋，你一定知道棋子马每次移动都可以在一个方向上跳两格，然后再在另一个垂直的方向上跳一格。参照上面这个小棋盘，上面一排有3个黑马（B），下面一排有3个白马（W）。假设你要交替下白棋和黑棋，就像真正下国际象棋一样。

那么，你至少需要多少步，才能把所有的黑马移到最下面一排，把所有的白马移到最上面一排？

17

兄弟的生日

在这个独特的例子中兄弟俩都非常诚实，只有一个小例外：每个人都会在自己生日那天谎报自己的生日。如果你准备在年底那天问他们的生日是什么时候，一个会回答“昨天”，另一个会回答“明天”。但是如果在第二天的元旦再问一次，他们居然全部给出和前面完全相同的答案。

你知道兄弟俩各自的生日吗?

18

正方形和剪刀

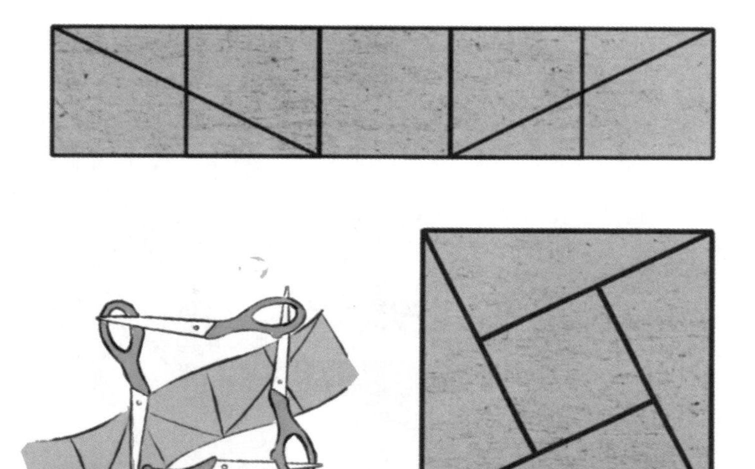

华生，请注意这张矩形纸条，它是由5个相邻正方形组成的。它可以很容易地被剪成5块，然后再拼成一个大正方形。

即便这种对称分割法已经很棒了，也还有一种更好的解决方案哟！事实上，矩形纸条只需剪成4块，就可以再拼成一个正方形。

你知道怎么剪吗？

19

立方体和砖块

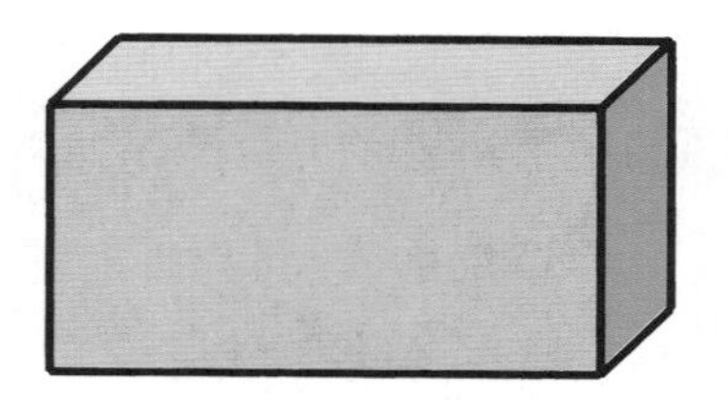

我们有很多长方体砖块，尺寸都是 2米 × 1米 × 0.5米。我们需要多少块这样的砖，才能把它们组装成一个尺寸为 3米 × 3米 × 3米的立方体呢?

20

数学教授和他的助手

华生，来试一下这道题。一位教授对他的助手说："今天我看到了我的3个学生。他们年龄的乘积是2 450，当然2 450可以分解为3个因数的积。你能告诉我他们的年龄是多少吗？"

助手回答说："想不出答案。"

教授给了他一条线索："如果我把他们的年龄加起来，得到的结果是你的年龄的两倍。现在你能给我答案了吗？"

助手回答说："还是想不出答案。"

教授给了他另一条线索："年龄最大的学生比我大。"

"我现在已经掌握了我需要的所有信息了。"助手高兴地回答。

如果我们假设教授和他的助手都是优秀的数学家，那3个学生的年龄分别是多少？

21

普罗泰戈拉打官司

华生，你如何看待这个奇怪的案件？作为一名法律大师，伟大的智者普罗泰戈拉曾经接受过一名学生不寻常的付款协议：普罗泰戈拉要等到学生打赢她的第一场官司时，才会收学费。但是在完成学业后，这位学生决定不再从事法律工作，这意味着她既没有输掉，也没有赢得她的第一场官司。

所以她一直没有付钱给普罗泰戈拉。鉴于上述情况，他把那个学生告上法庭，要求她付学费。在诉讼中，双方都采取了无可辩驳的逻辑立场：

- 普罗泰戈拉辩称：如果学生败诉，她将不得不支付学费，因为这是案件判决的内容；但如果学生赢了，她仍然必须支付学费，因为这是最初付款协议的要求。
- 这位学生辩称：如果她败诉，她将不必向普罗泰戈拉付学费，因为这些是最初付款协议的规定；但如果她胜诉，她仍然不必付款，因为这就是法庭的裁决。

普罗泰戈拉应该怎么做才能得到他的报酬呢？

22

泄露真相的对话

让我们通过这道对话智力题来尝试一些有趣的代数方程式吧。西蒙和保罗是朋友，他们遇到了下面的数字挑战。

X和Y是2到99之间（含2和99在内）的两个整数。西蒙只知道这两个整数的和，$X + Y$；而保罗唯一知道的是它们的积，$X \times Y$。

在这种情况下，他们每个人都尝试确定X和Y这两个数。

西蒙对保罗说："我的信息不足，没法确定它们是哪两个数。"

保罗回复说："我也没有足够的信息。"

这个时候，西蒙接着说："现在我知道这两个数是多少了。"

保罗跟着说："那我也知道了。"

你能找到与他们的对话内容相符的一对数吗？

23

写到手抽筋

华生，你看看怎么处理我的一位作家朋友写作速度会变得越来越慢的情况。他告诉我，当写作到收尾阶段时，他会写得越来越慢。换个角度来说，他每天写作的页数与他每天开始写故事时所有剩下要写的页数成正比。因此，对于一个常规的故事，他要花10天的时间写第一页，却要花50天的时间写最后一页。

你认为这个故事的长度是多少页，他一共要写多少天？我会给你一条提示：剩余的页数每次都向上取整到最接近的整数。

24

钟表指针重合的情况

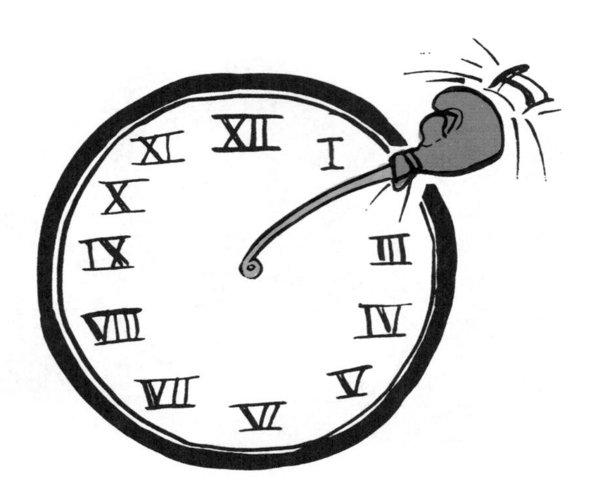

假设你突然醒来，两眼盯着钟，发现钟的3根指针完全重合，你会怎么办?

既然你只能确定表示小时、分钟和秒的3根指针在12点钟位置完全重合，那么它们是否可以在12小时内的某个其他时间重合呢?

25

飞机上的逻辑

华生，这里有一道有趣的逻辑题目。有一架飞机从奥运会返航时，上面载着5名运动员，他们在一场比赛中分别排名第一到第五。以下是他们的发言：

运动员A："我不是最后一名。"

运动员B："C是第三名。"

运动员C："A排在E的后面。"

运动员D："E是第二名。"

运动员E："D不是第一名"

出于某种原因，金牌和银牌得主撒了谎，但排名靠后的3名运动员都说了实话。你能确定所有运动员的排名顺序吗？

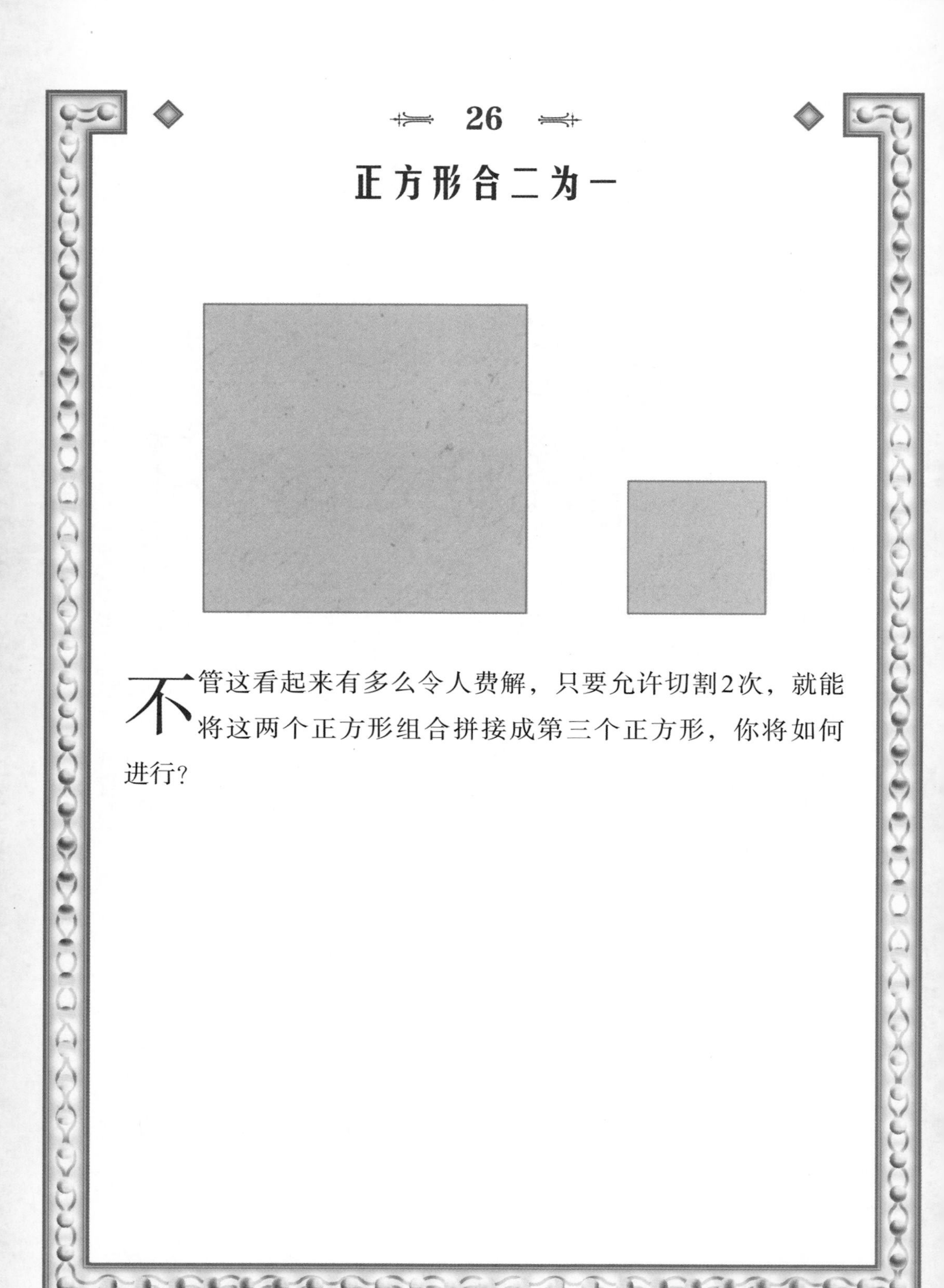

26

正方形合二为一

不管这看起来有多么令人费解，只要允许切割2次，就能将这两个正方形组合拼接成第三个正方形，你将如何进行？

27

幻　方

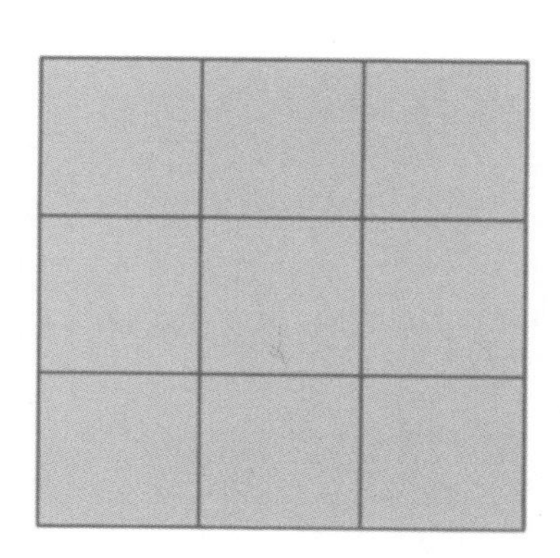

华生，你懂的。一个由从1开始的连续正整数组成的正方形数格，当它的每行、每列以及每条对角线上的数之和都相等时，它就被认为是“幻方”。例如，如果把下面的数放在上面的正方形中，这个和就是15：

2	7	6
9	5	1
4	3	8

但是，如果可以的话，你能想到一个具有与“幻方”相反属性的“非幻方”吗？第一步包括定义“异构”正方形，其中正方形数格的每行、每列和每条对角线上的数的总和都是不同的。

为什么没有“异构”的2×2正方形数格（包含1，2，3，4）？你可以构建一个“异构”的3×3正方形数格吗？

28

非 幻 方

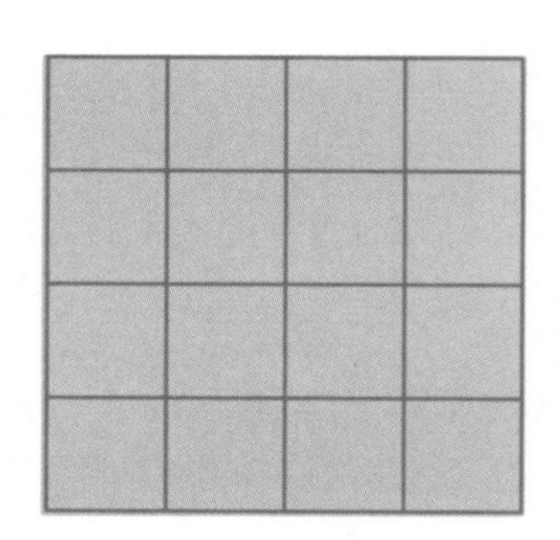

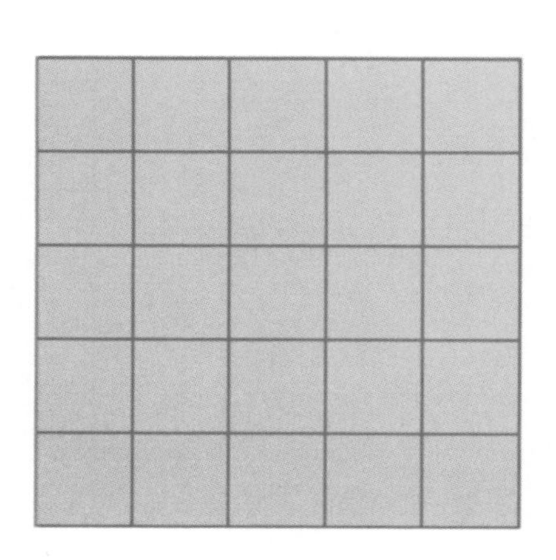

现在在“非幻方”中，和幻方相反的属性比异构数格（见上一页“幻方”的谜题）更系统化：每行、每列或每条对角线上的数的和不仅完全不同，而且还必须形成一个连续数序列。我们找不到一个“非幻方”的3×3正方形数格，而且似乎不存在。

你能构造出一个4×4的“非幻方”（提示：有20个已知例子）和一个5×5的“非幻方”吗?

29

有策略地选定日期

华生，我建议我们一起玩个游戏。游戏的主要内容是轮流选定日期，不包括年份。第一个玩家必须在一月份内指定一天，例如1月14日，然后每个玩家依次在同一年更晚的日期里选择一天，保留前一个玩家刚刚选定的月份或者日期。比如说，在1月14日之后，可以保留1月份并选定下一个日期，例如1月15日或1月20日；也可以只保留14日并选定下一个月份，例如4月14日或10月14日。

游戏中，一个日期序列可能会像下面一样：

1月14日，4月14日，4月27日，4月30日，6月30日……

获胜者是第一个回答出12月31日的玩家。

我们中的哪一个会以必胜的策略获胜呢？如何来保证获胜呢？

30

手动策略

让我们试一下另一个游戏。这一次，玩家用手指表示数来轮流报素数。每次每个玩家用一只手的手指比出一个数字（不允许为零），累计总数必须是素数（在本题中，也允许是1）。例如，可以按如下方式玩这个游戏：

玩家A：1

玩家B：1+1=2

玩家A：3+2=5

玩家B：2+5=7

第一个玩家有没有什么策略可以保持不败呢？

31

分解 1 000

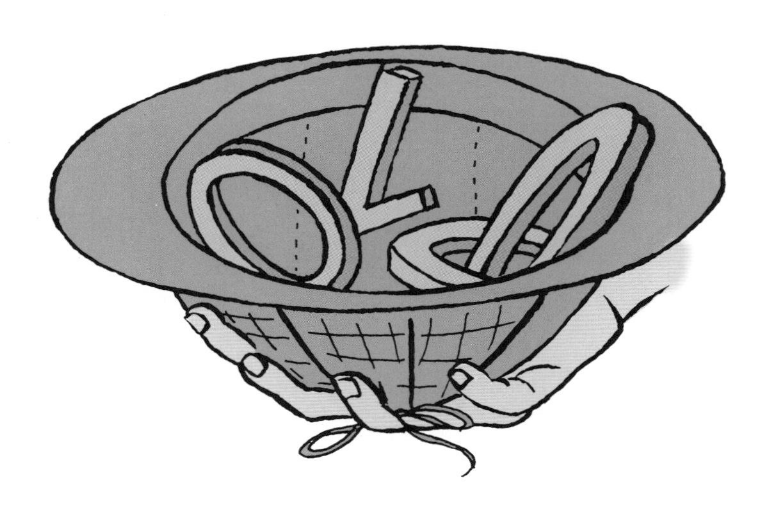

华生，如你所知，数字1 000可以用多种方式表示为四个正偶数的和（不包括零），例如，1 000=2+4+66+928。它也可以用四个奇数的和来表示，例如，1 000=1+3+5+991。

在这两类1 000的分解方法之中，哪一类方法的分解结果数量更多，是用偶数求和，还是用奇数求和的分解结果多？

32

化星星为正方形

虽然一颗星星和一个正方形看起来很不一样，但只需要6次简单的切割就可以把这颗星星变成一个正方形。

你会在哪里切割呢？

33

父亲、儿子和马

告诉我你对这个旅行困境的想法。一个人和他的儿子必须要经历一段60千米的旅程，他们的马平均每小时只能跑12千米。问题是这匹马一次只能载一个人，如果一个人骑马，另一个人就必须步行。

假设父亲以每小时6千米的速度步行，而儿子每小时可以步行8千米，如果他们要同时到达目的地，这次旅行一共需要多少小时？

34

令人痛苦的睫毛

我亲爱的华生，我真为你感到难过。我看到你的一根脱落的睫毛刺激到了你的眼角膜，你把它摘了出来。因为这似乎是一个会反复出现的问题，我决定仔细研究一下。我注意到这种睫毛刺激2天后再次发生，再隔2天又会发生，然后陆续再次发生的间隔天数分别是5，3，1，3，4，3，3，2，2，6，1，2……

你认为睫毛的生长规律是可以预测的吗？如果是的话，那你觉得睫毛刺激发生的准确时间规律是什么？

35

有多少部电梯

华生，在高层建筑中安装电梯的这一新潮流引发了一个有趣的难题。假设一个公寓大楼有7个楼层（都在地面层以上），并配置了一定数量的电梯。每部电梯都可以从地面大厅（G层）到达7层。但是为了节约能源，每部电梯仅在中间6个楼层的其中3层停靠，取消了其他3层的停靠。

如果我们的目标是电梯可以将乘客从任何楼层带到另外任一楼层，而无须更换电梯，那么这个公寓必须安装多少部电梯，以及它们分别需要停在哪些楼层？

36

规划路径

我们需要遍历这个花园迷宫的每条路径，在结束的时候正好回到出发点。为了使其更具挑战性，我建议以一种连续的方式来绘制这条路线，而且要避免两次经过同一路径，如示例所示。

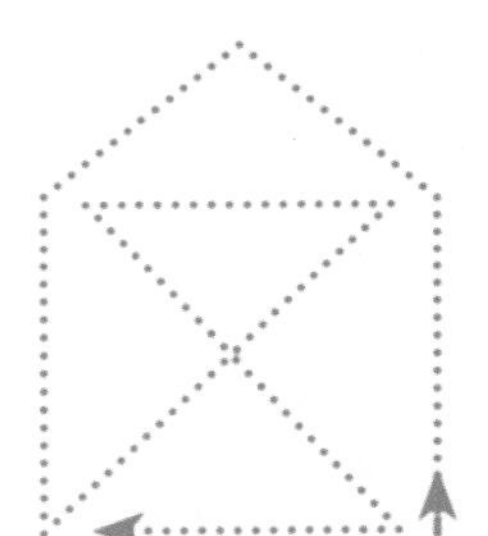

你愿意尝试吗，华生？

37

当心火车

你还记得我们上次的案子吗？我们的嫌疑人正沿着一座单向铁路桥行进。当他看到一列火车以每小时45英里的速度驶近他时，他已经走了$\frac{2}{3}$桥长的路程。最后他以均匀的速度奔跑，在千钧一发之际躲过了火车。但有趣的是，无论他往哪个方向跑都没有区别，都恰好能避开火车。

不用代数或任何方程式，你能计算出他的速度吗？

38

节日庆典

对于一个家庭中的6个姐妹来说，圣诞节和新年是她们和6个丈夫一起吃饭的两个传统节日。他们是在一张圆桌上用餐的，姐妹们根据自己的年龄，每年都坐在同一个位置上。她们把每两个人中间的空位置留给她们的丈夫们，但丈夫们却没有一个人坐在自己妻子旁边。

如果丈夫们每次所坐的位置完全不同，那么他们要花多少年的时间才能用尽所有可能的餐位布置方案？

39

华生，用你的耳朵，你一次能听出多少个时钟一起报时？假设有两个时钟的时间最多差3秒，而它们恰好在某个整点几乎同时发出报时钟声。第一个钟每5秒敲响一次，而第二个钟每4秒敲一次钟。

记住，如果两次钟声敲响之间的间隔不大于1秒，你的耳朵就无法分辨出是两次钟声。如果你总共听到了13次敲钟声，那么现在是几点钟了？

40

打断和焊接

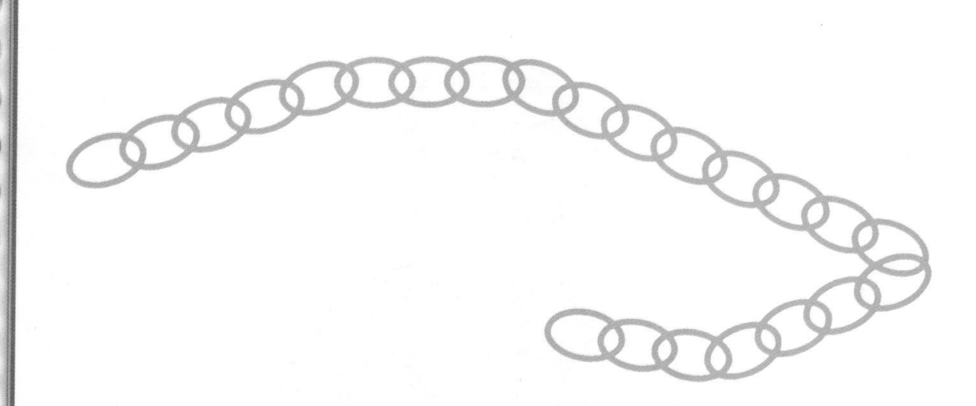

这里有一道为你准备的图片难题。考虑到上面的链条是由23个链环组成的。

我们必须打开多少个链环才能得到一组链条，使它们能够通过重新链接，分别组合成1到23之间的所有长度的链条？

41

非常基本的推进力

你今天看《泰晤士报》了吗，华生？它报道了一个非常奇特的船舶发明。通常情况下，一艘标准的船通过与其他物体互相作用才能向前移动：如果靠桨推进，那么船是作用于水的；如果船用帆前行，那么船是作用于风和水的；如果靠拖动前行，那么船是作用于绳索的。

那么，一艘船有没有可能在不作用于外部任何物体的情况下继续前进呢？例如，假设你自己在一艘完全封闭在静水中的小船里，没有水流，也没有风。

这艘新发明的船怎样才能动起来呢？

42

把花瓶变成方形

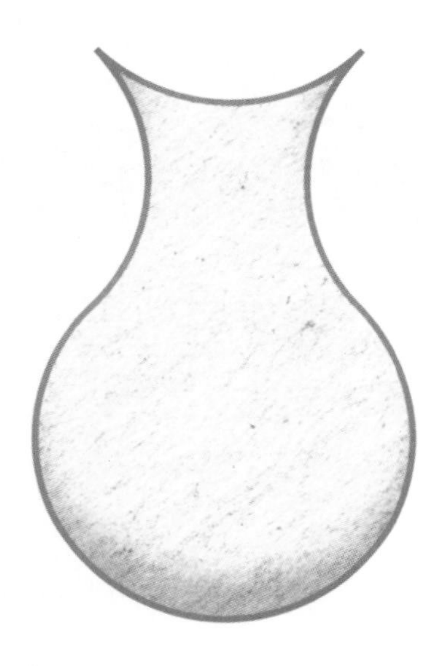

这个花瓶的形状完全是由曲线组成的，看起来和正方形完全不同。然而，奇怪的是，只要剪切两次就可以拼接成正方形。

你会怎样剪切？

43

法魔魔法

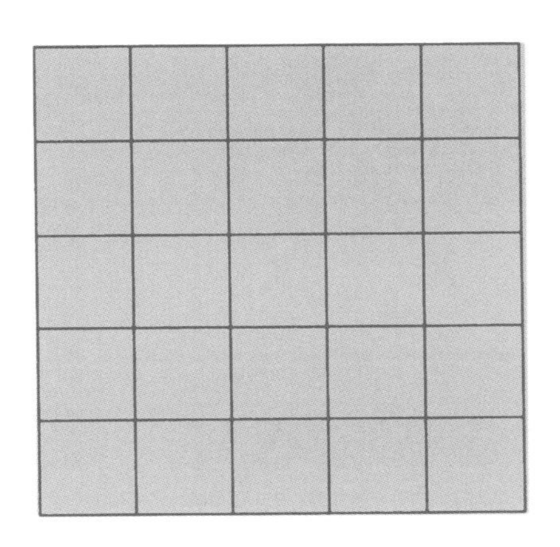

你有没有想过，如果你被取名为华生华而不是华生，你的名字会变成回文，也就是既可以正着读也可以反着读？同样地，回文数就是一个正着读或反着读都不变的数，例如，22、747和5 473 672 763 745。

我们可以先想一想从11开始的前25个回文数是哪些。

有没有可能构造一个由这些回文数组成的神奇幻方，如一个5×5的正方形，使其中每行、每列以及每条对角线上的数分别加起来的值都相同？

44

井字必胜法

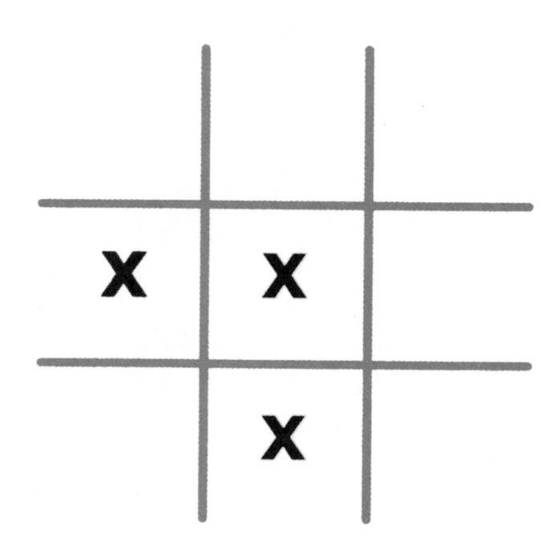

你准备好再来一场竞赛了吗？这场竞赛是在一块有9个方格的井字形游戏板上玩的。每一个玩家依次用“X”来填充一串方块，填充数量不限，可以沿着一行来填，也可以顺着一列来填，但不能同时沿着行和列两个方向填。玩家填的方块不需要和前面已填的方块连在一起。如果谁填完最后一个方格，谁就是获胜者。

根据这些规则，是否存在一种必胜法让其中一个玩家一定获胜，如果有，那获胜的是第一个玩家还是第二个玩家呢？

45

丢失的代币

你还记得我给你看过的标记着0，1，2，3，4，5，6，7，8和9的10枚代币吗？嗯，我丢了一枚。根据下面的两个事实，你能猜出哪枚代币不见了吗？

- 我可以将剩余的代币分成3组，每组面值之和相同。
- 我还可以将这些代币分成4组，每组面值之和都是一样的。

46

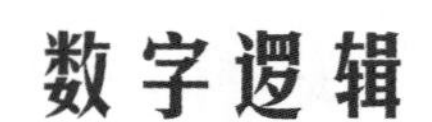

数字逻辑

华生，这些数属于同一个逻辑序列。

9 547

5 781

2 895

6 239

3 725

7 802

以下哪个数也属于这个序列？

9 340

6 791

6 281

5 964

47

遍历六边形

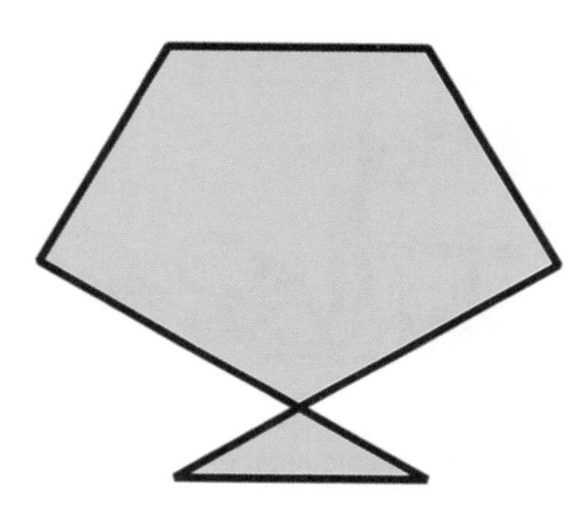

请看上图，它演示了一种连接六边形各顶点的方法。用一系列首尾相连的线段，这些线段会形成一个闭合的图形，但不会穿过任何顶点超过一次。

你能找到其他11种方法吗？

48

未列出的号码

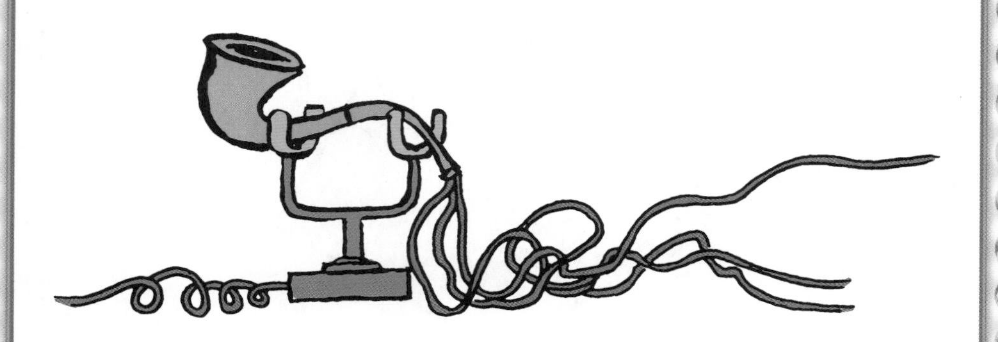

某家公司分配给员工们的电话号码是由任意数字组成的六位数。为了避免某种错误，公司排除了所有包含数字序列“12”的号码。

华生，这样的话，要排除的电话号码有多少个呢？

49 数字游戏

$$9=\frac{57\,429}{6\,381}$$

上面的9是用一个分数来表示的，这个分数包含从1到9的所有数字，每个数字只用一次。如果把0也包括进去，那么你利用这10个数字，是否有可能把9用至少6个分数表示出来？（提示：如果要求数字格式完全正确，可能只能列出3个。）

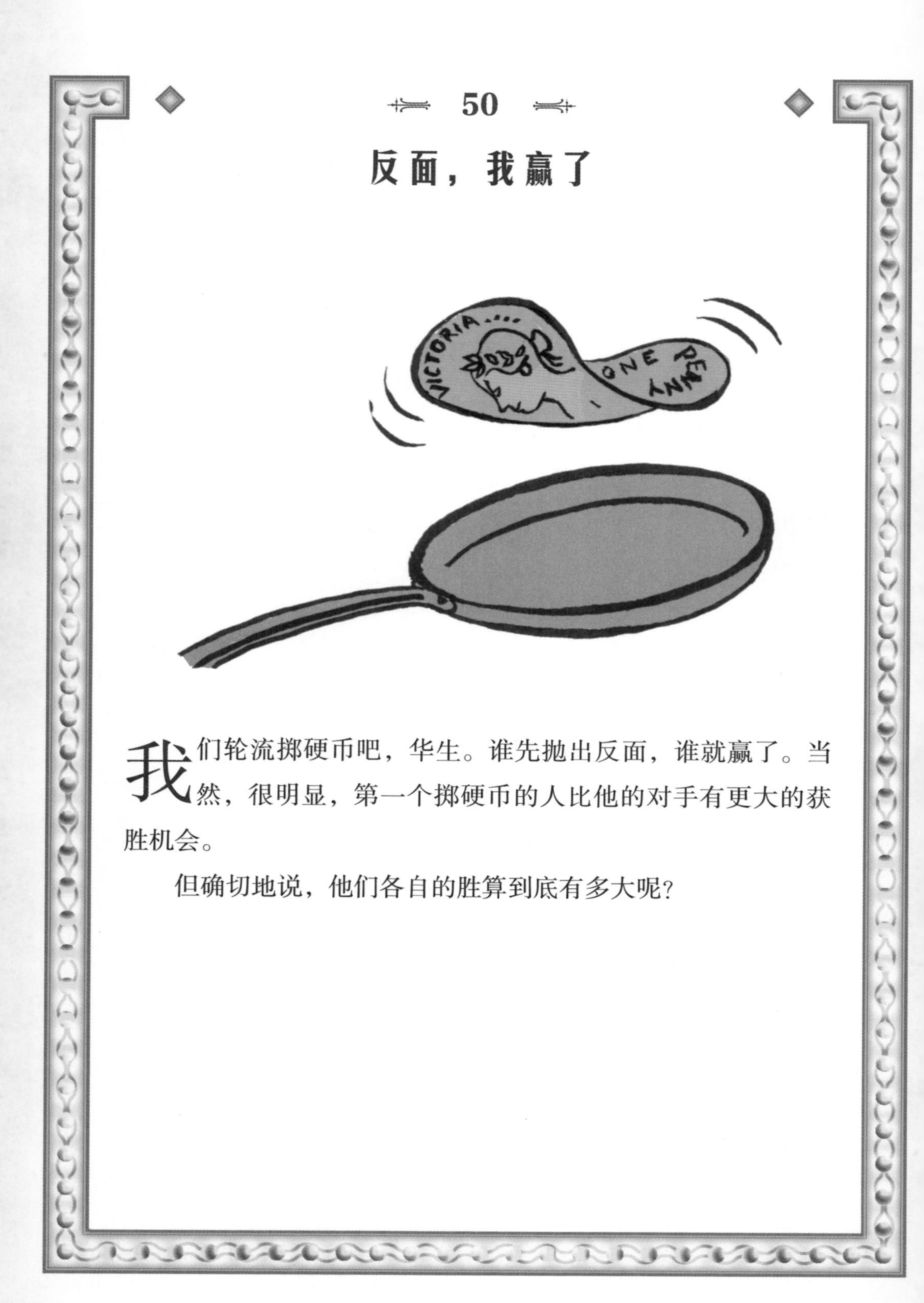

50

反面，我赢了

我们轮流掷硬币吧，华生。谁先抛出反面，谁就赢了。当然，很明显，第一个掷硬币的人比他的对手有更大的获胜机会。

但确切地说，他们各自的胜算到底有多大呢?

51

箭头逻辑图

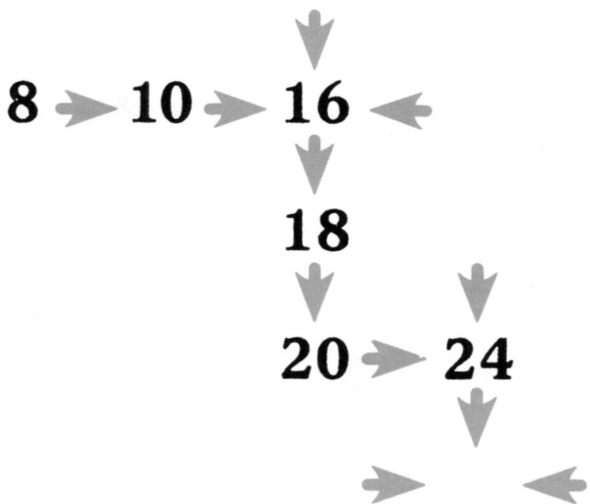

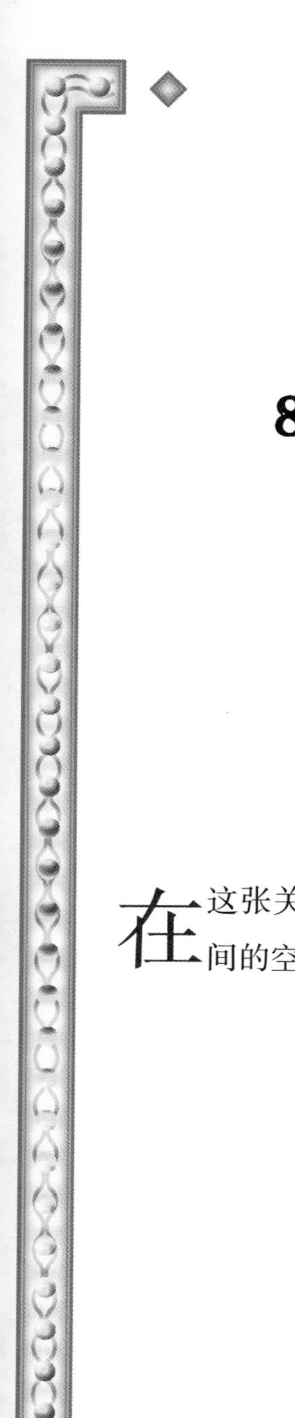

在这张关系图上测试你的逻辑，华生。最下方三支箭头之间的空白处应该是什么数字？

52

可靠的逻辑

让我们看看你的逻辑有多好。桌子上放着两根铁棒，它们看起来一模一样，但其中一根被磁化了（两端各有一个磁极），另一根没有。

如果只允许你在桌子上移动铁棒而不举起它们，也不能借助任何其他物体或仪器，你怎样才能知道哪根铁棒是被磁化了的呢？

53

数字趋势

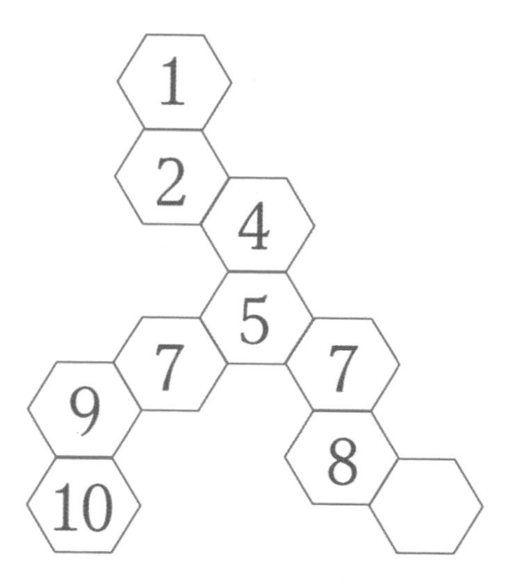

华生，上图六边形中的数是按某种逻辑顺序排列的，那么在空白六边形中应该填什么数?

54

漫画顺序

我相信就像所有的事情一样，这个漫画应该有逻辑。这4幅描绘决斗的图画的顺序是混乱的。

你能纠正一下这些图的顺序吗？

55

A	B	C	D
E	F	G	H
I	J	K	L
M	N	O	

←P

华生，上面的图表不完整。由于字母是按字母表顺序输入的，空白的方格里显然是P。

下图是根据其他逻辑法则填写的。哪些字母应该放在空白的方格里？

A	C	E	
L	N		I
J		M	K
	F	D	B

?↗

56

姐妹逻辑

让我们来试试另一道逻辑难题。

如果LEAH是LOUIS的姐妹，

CLARISSE是BRUNO的姐妹，

MAUD是CHRISTOPHER的姐妹……

那么谁是HAMILTON的姐妹：IRENE, CLAIRE, SUE还是PEGGY？

57

关 键 词

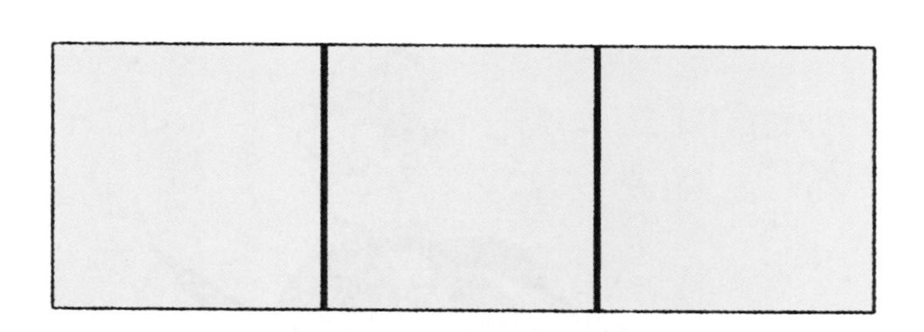

你觉得这个怎么样，华生？如果已知下面这些事实，你能找到一个常见的由3个字母组成的英语单词吗？

LEG和它没有相同的字母。

ERG和它有1个相同的字母，但该字母在两个单词中的位置不同。

SIR和它有1个相同的字母，并且该字母在两个单词中的位置相同。

SIC和它有1个相同的字母，但该字母在两个单词中的位置不同。

AIL和它有1个相同的字母，但该字母在两个单词中的位置不同。

58

领带的颜色

试试这个谜题。蒂莫西的领带架上有17条蓝色领带、11条黄色领带、9条橙色领带、34条绿色领带和2条紫色领带，而且它们没有按颜色分类。壁橱里的灯泡烧坏了，蒂莫西看不出领带是什么颜色的。

蒂莫西要拿出多少条领带才能确保他至少有2条颜色相同的领带？

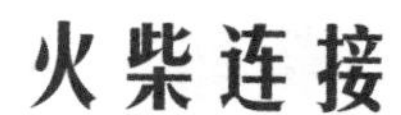

火柴连接

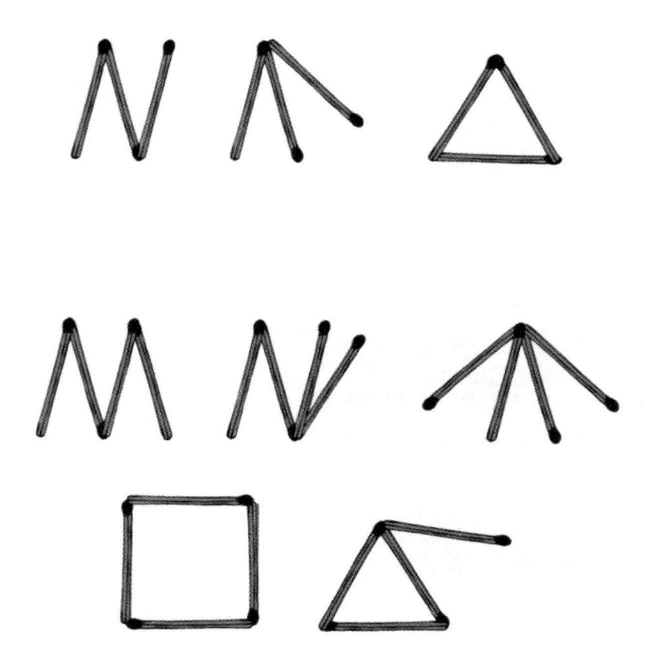

华生，连接火柴的艺术为我们提供了这个有趣的、需要细心和思考分析的难题。如果给你一些指定数量的火柴，你能把它们连接成一个二维图形吗？其中每一根火柴的端部都至少会和另外一根火柴的端部接触？提示：3根火柴只有3种连接方式，4根火柴只有5种连接方式。

你可以用多少种方式把5根火柴连接起来？

60

赔率和卡牌

听着，华生，我要在帽子里放3张牌。第一张牌两面都是白色；第二张牌两面都是红色；第三张牌一面是白色，另一面是红色。我随机抽出一张牌，看都不看，就把它放在桌子上。当我现在看它的时候，我看到朝上的一面是白色的。我可以推断，它是第一张牌，或者是第三张牌。

现在，如果我用4美元赌你3美元，赌这张牌的另一面也是白色的，这个赌局对我们谁更有利？

61

寻找规律

华生，如果你看不到上面隐藏的图案，收集线索是没有用的，因为字母是按照一定的规律排列的。

你能找出其中的规律吗？

62

反面，我又赢了

让我们假设你又在玩抛硬币的游戏，你发现你的对手在作弊。她大部分时间都选择正面，因为她的硬币有两个正面。知道了这一点，你下了足够的赌注，再掷一次就能把你的钱全部赢回来。

你不想冒险证明她是个骗子，那么采用什么策略能让你有机会赢呢？

63

四个字母的关键词

你能找到一个普通的4个字母的英语单词吗？已知下面这4个单词中的每一个单词都有两个字母和所求单词的字母相同，但它们都不在正确的位置上。

E G I S

P L U G

L O A M

A N E W

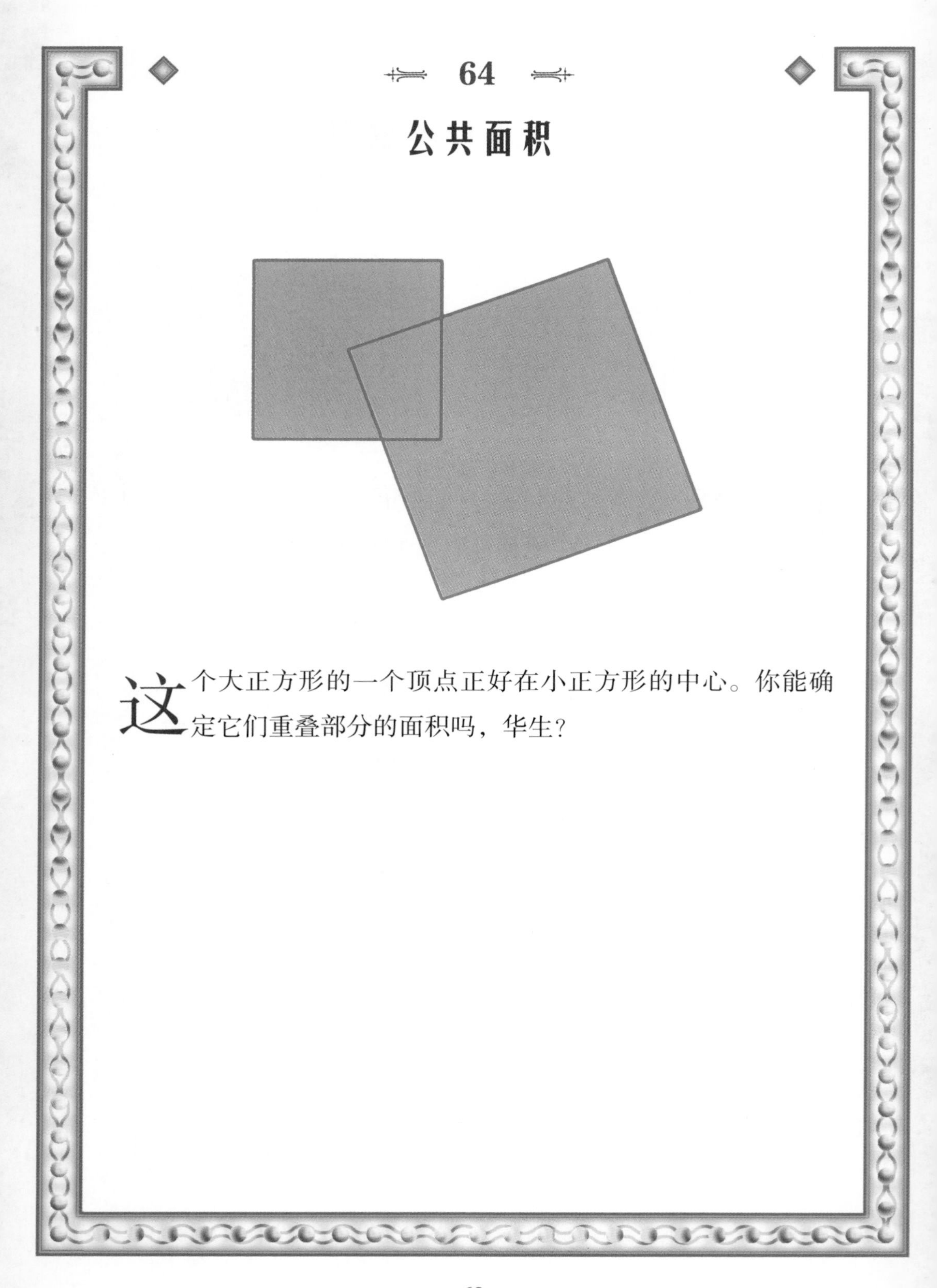

64

公共面积

这个大正方形的一个顶点正好在小正方形的中心。你能确定它们重叠部分的面积吗，华生？

65

越 野 跑

告诉我你对这个问题有什么想法。每天早上，蒂莫西、厄本和文森特都要在早饭前进行越野跑。一个月后，他们意识到蒂莫西在厄本之前到终点的天数比在他之后到的天数多，厄本在文森特之前先到终点的天数比在他之后到的天数多。

那么，文森特在蒂莫西之前先到终点的天数有可能比在他之后到达终点的天数多吗？

66

五个字母的关键词

华生，如果知道下面的事实，你能找到一个常见的5个字母的单词吗？

ADULT与它有2个共同的字母，但这2个字母在两个单词中的位置都不同。

GUSTO与它没有共同的字母。

STORY与它有1个共同的字母，而且该字母在两个单词中的位置相同。

BUILD与它有1个共同的字母，而且该字母在两个单词中的位置相同。

DYING与它有1个共同的字母，但该字母在两个单词中的位置不同。

BUGLE与它有2个共同的字母，但只有1个字母在两个单词中的位置相同。

LIGHT与它没有共同的字母。

67

按字母排序的朋友们

仔细考虑一下这件事。5个朋友——A安德鲁、B伯纳德、C克劳德、D唐纳德和E尤金——各有一儿一女，且每个人的儿子都比女儿大。他们的家庭之间如此亲密，以至于每个人都把自己的女儿嫁给了一个朋友的儿子，因此A安德鲁的女婿的父亲的儿媳就是B伯纳德儿子的姻姐/姻妹，C克劳德的儿媳的父亲的女婿就是D唐纳德的女儿的姻兄/姻弟。

不过，尽管B伯纳德的儿媳的父亲的儿媳的婆婆与D唐纳德的女婿的父亲的女婿的岳母是同一个人，但没有任何一个儿媳是其公公的女儿的大姑子/小姑子，这一事实大大简化了情况。

记住这一点后，是谁娶了E尤金的女儿？

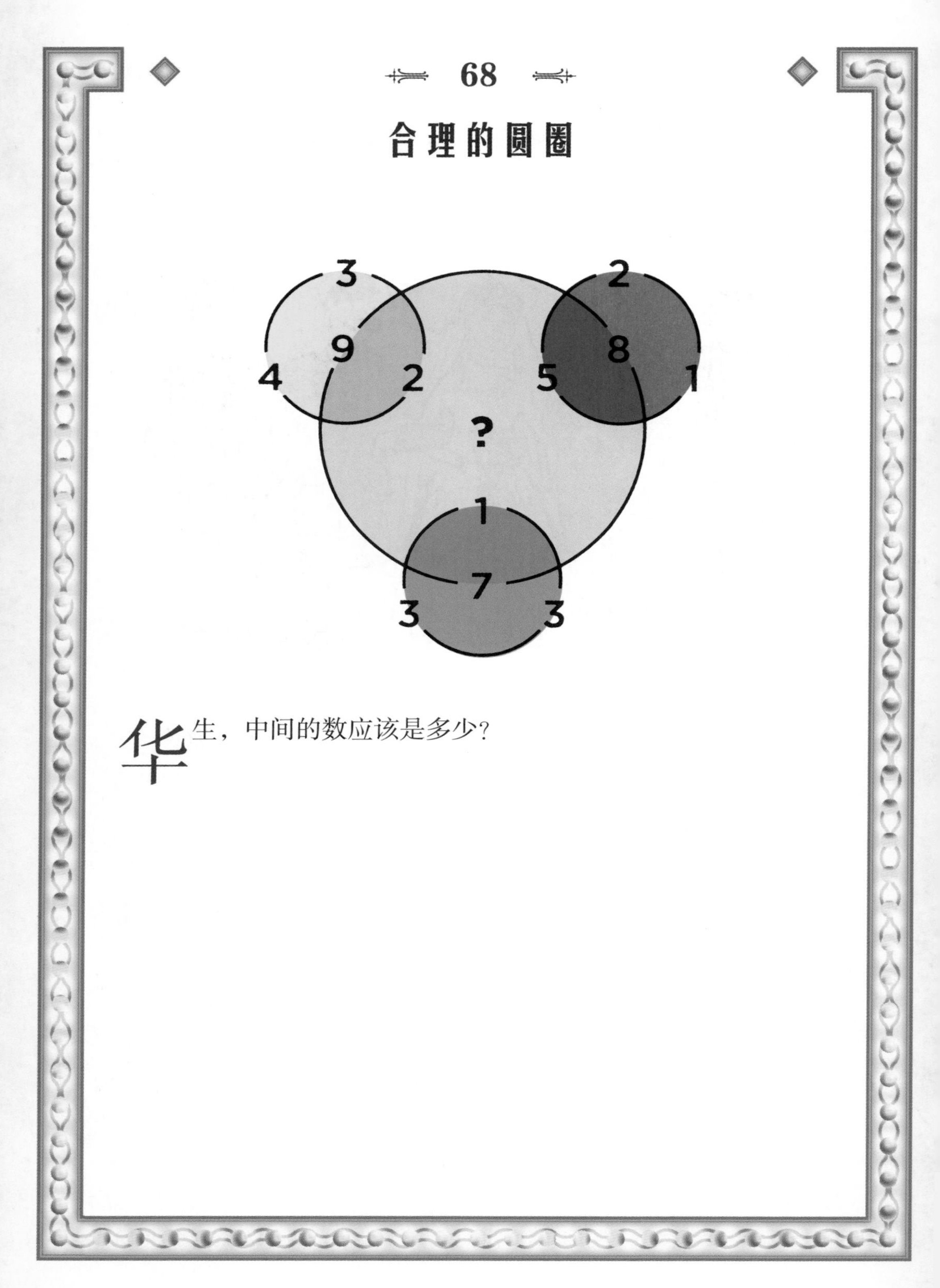

68

合理的圆圈

华生，中间的数应该是多少？

69

蒂莫西的朋友们

蒂莫西注意到，他的5个最好的朋友彼此并不认识。他邀请其中3人共进午餐：他们的姓是A亚当斯、B布朗和C卡特（另外两个朋友的姓是D狄金森和E爱默生）。这5个朋友的名字按随机顺序排列，分别是A1亚历克斯、B2鲍勃、C3奇普、D4戴夫和E5埃尔默。午餐后，蒂莫西描述了以下的事实：

- B2鲍勃仍然不认识B布朗。
- C3奇普认识A亚当斯。
- D4戴夫只认识其他人中的1个。
- E5埃尔默认识其他3个人。
- A1亚历克斯认识另外2个人。
- D狄金森只认识其他人中的1个。
- E爱默生认识其他3个人。

我亲爱的华生，这5个朋友的全名分别是什么？

70

漂浮在岩石上

设想一下这个有趣的场景。一只熊戴着游泳圈，漂浮在北冰洋上，它右手握着一个玻璃杯，里面还装着一块冰。

如果它把这块冰丢进海洋，什么情况下水位会上升？当冰块落入水中的时候？或者是冰块完全融化的时候？

71

房屋和女儿

A安德鲁、B伯纳德、C克劳德、D唐纳德和E尤金在大西洋沿岸都有避暑别墅。每个人都想以朋友女儿的名字（a安妮，b贝拉，c塞西莉亚，d唐娜和e伊芙）来命名自己的房子（但不一定按这个顺序）。为了确保他们的房子有不同的名字，朋友们聚在一起共同商议。

• C克劳德和B伯纳德都想将自己的房子命名为d唐娜。然后他们抽签，B伯纳德获胜。C克劳德只好将自己的房子命名为a安妮。

• A安德鲁将他的房子命名为b贝拉。

• e伊芙的父亲没法出席，E尤金打电话告诉他，让他把自己的房子命名为c塞西莉亚。

• b贝拉的父亲将他的屋子命名为e伊芙。

你能告诉我每个朋友的女儿的名字吗，华生？还有，最后每个人的房子都叫什么名字？

72

国际会议

在一个国际研讨会上，参会者里有21位会讲法语，21位会讲英语，21位会讲德语。但实际上参会人数不到63人，因为其中一些人可以同时讲几种语言。下面这些是我们已知的所有信息：

• 有些参会者只会讲一种语言，有些会讲2种语言，有些会讲3种语言。

• 如果我们把会讲某种语言的参会者当成一个“语言群”，那么在这个“语言群”中，那些同时会讲某几种语言的人（例如那些只会讲这一种语言的人，或者那些同时会讲3种语言的人）被分别称为“子群”。

• 在任何一个“语言群”中，每个“子群”包含的参会者人数都是不同的（至少3人）。

• 人数最多的“子群”是由只会讲法语的人组成的。

华生，通过上面的信息，你能告诉我，有多少人会同时说英语和德语，但不会说法语吗？

73

硬币的区别

华生，关于下面这个场景，请告诉我你的想法。假设有一条小船正漂在游泳池中。下面哪一种方法能使水位变得更高：将一枚硬币从岸上扔到船上，还是将这枚硬币扔进水中？

74

粘好的盒子

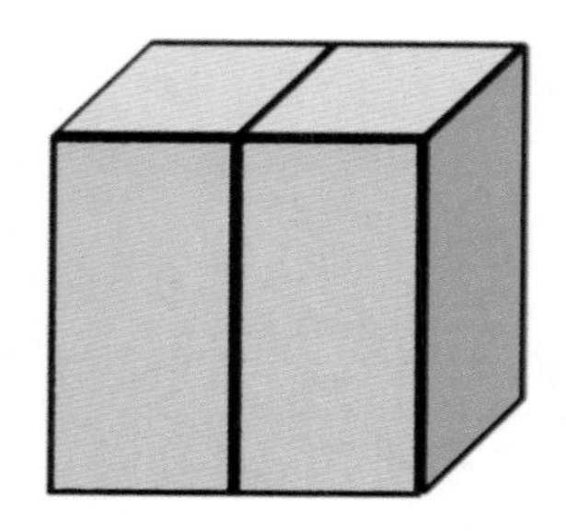

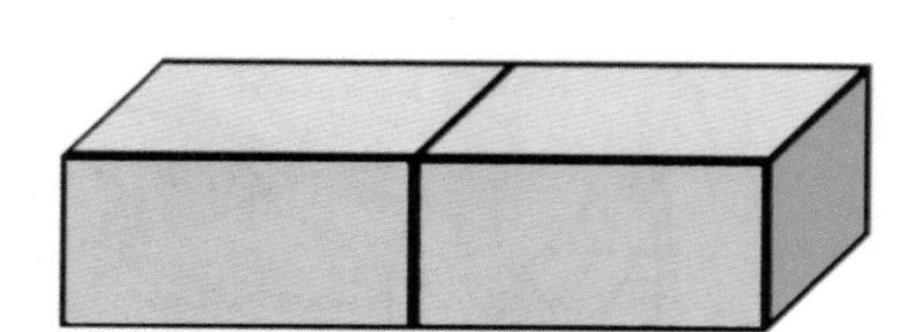

假设我们有一堆将2个立方体粘贴在一起而得到的$2 \times 1 \times 1$的盒子，我们会拿它来做什么呢？让我们用这些盒子来构造更多的结构吧，但要保证在结构中，每个盒子都至少有一个完整的面（矩形或正方形），与其他盒子的表面紧密接触。

根据这个给定的条件，两个盒子只能构造出两种结构，那么3个盒子可以构造出多少种结构呢，华生？

75

高层次战略

如果以下的陈述是正确的，胆大冒险的战略家会被愚人鄙视吗？

- 任何一个战略家，如果他是一个好的战略家，就不会输掉一场战斗。
- 一个胆大的战略家不会得不到其军队的信任。
- 没有一个坏的战略家会得到其军队的信任。
- 愚人只鄙视被征服的人。

76

继父圈子

华生，你能解决这个难题吗？ 6个男人（A，B，C，D，E和F）和他们的母亲住在一个小镇上。每个母亲都是寡妇，然后嫁给了其中一个不是她儿子的男人作为她的第二任丈夫。

D夫人向C的母亲指出，如果按照婚姻来算的话，自己（D夫人）现在已经是E夫人的曾祖母了；A已经成为B的继祖父了；还有，F夫人现在是C夫人的曾孙媳妇的儿媳妇了。

你知道谁娶了谁吗？

77

箭头和数

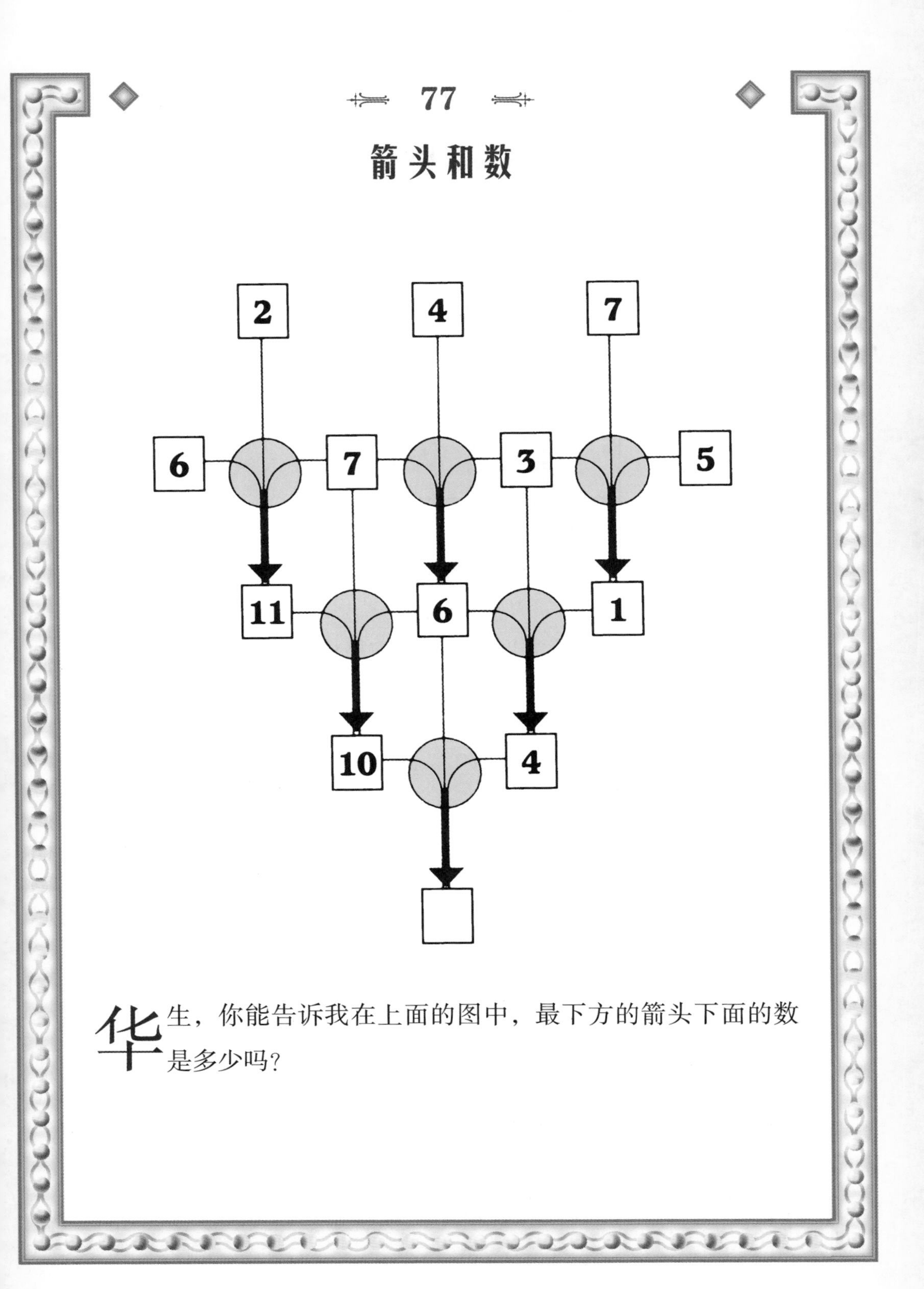

华生，你能告诉我在上面的图中，最下方的箭头下面的数是多少吗？

78

数字网格

1	1	1	1
1	3	5	7
1	5	13	25
1	7	25	

←?

你能推理出上面正方形表格中的空格填写什么数吗?

79

单词的规律

华生，这些单词都是符合一个共同逻辑的：

CHINK

TRANCE

STAIN

CHIME

TUBA

PERK

下面这些词中，哪一个也符合同样的逻辑呢？

GERMANE

EMBARGO

BANANA

NIGHTMARE

80

狗狗和金银花

这是给你准备的另一道逻辑难题。在国外进行了一次长途旅行后，蒂莫西对他下榻过的旅馆发表了以下声明：

1. 当食物好吃的时候，服务员都很亲切。

2. 每一家全年营业的旅馆都能看到海景。

3. 只有在一些比较便宜的旅馆里，食物才是不好吃的。

4. 有游泳池的旅馆的墙壁上都种满了金银花。

5. 服务员不礼貌的旅馆是那些一年中只有部分时间营业的旅馆。

6. 没有一家便宜的旅馆允许宠物狗入住。

7. 没有游泳池的旅馆都看不到海景。

在这些旅馆里，一个带着狗的主人有可能欣赏到金银花吗？

81

时针推理

华生，如果上图中的6只时钟都符合一个共同逻辑，那么剩下哪一只钟才是与众不同的呢？为什么？

82

趋势识别

你准备好来享受点数字的乐趣了吗？这些数字是按照一定的逻辑规则排列的：

531
184
483
328
852
279
986

以下这些数中哪一个可能是上方数列的下一个数？

758
627
841
413

83

职位逻辑

勒布伦、勒努瓦和勒布朗（不一定按这个顺序排列），分别是一家公司的会计、仓库管理员和旅行推销员。推销员是个单身汉，是3个人中最矮的。勒布伦是勒努瓦的女婿，身高比仓库管理员高。

华生，你能告诉我他们各做什么工作吗？

84

棋盘和颜色

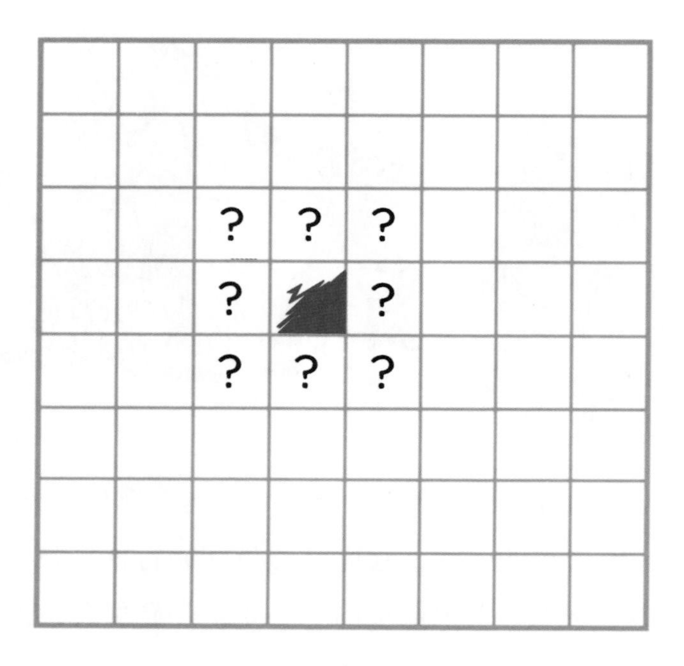

假设你想给一个8×8的棋盘的所有方格上色，但是你想要一些不同的颜色，这样就可以使任意两个相邻的方格颜色不同。

那么你一共需要多少种颜色？

85

骑行顺序

华生，你能不能按照某种逻辑把这7辆自行车按顺序排列，就从最上面那辆带有星形标记的开始排列吧？如果可以的话，是按照什么样的逻辑呢？它们的排列顺序是什么样的呢？

86

街区推理

设想一下这样的场景：史密斯是一名屠夫，也是他所在街区的店主委员会的主席，该委员会还包括杂货商、面包师和鞋匠。他们都围坐在一张圆桌旁。

- 史密斯坐在史迈斯的左边。
- 史迈西坐在杂货商的右边。
- 坐在史迈斯对面的普密斯不是面包师。

史迈西有家什么店?

87

马路推理

让我们一起来看一下这道逻辑题目。一名司机对汽车发表了以下声明：

- 在马路上前轮驱动可以提供良好的抓地性能。
- 重型汽车必须要有良好的刹车。
- 任何一辆功率强大的车都很贵。
- 轻型车在马路上没有良好的抓地性能。
- 一辆低功率汽车不可能有好的刹车。

因此，这位司机承认有便宜的前轮驱动车，这个说法是否符合逻辑？

88

历史推理

华生，历史考试有3道关于美国总统的问题。以下分别是6名学生的答案：

1. 波尔克，波尔克，泰勒。
2. 泰勒，泰勒，波尔克。
3. 菲尔莫尔，菲尔莫尔，波尔克。
4. 泰勒，波尔克，菲尔莫尔。
5. 菲尔莫尔，泰勒，泰勒。
6. 泰勒，菲尔莫尔，菲尔莫尔。

每个学生至少答对了一个问题。你知道正确答案是什么吗?

89

船、鱼和真相

渔民，A艾尔、B伯特、C克劳德和D迪恩4人各自都拥有船只，分别命名为玛丽珍号、苏茜Q号、大人物号和海鸥号（不一定按照这个顺序）。

不幸的是，渔民们并不像他们以为的那样，真正了解其他人的具体情况。每个渔民说的每一句话，只有当全部或部分描述是关于他自己的船时，才是正确的，否则它就是错误的。

- A艾尔说："只有我的船，苏茜Q号，还有海鸥号，船上才装有收音机。"

- B伯特说："C克劳德很幸运，3条装有收音机的船中有一条是他的。"

- C克劳德说："海鸥号是A艾尔的船。"

- D迪恩说："我从来没有乘坐过海鸥号或玛丽珍号船。"

华生，你知道谁拥有哪条船吗？

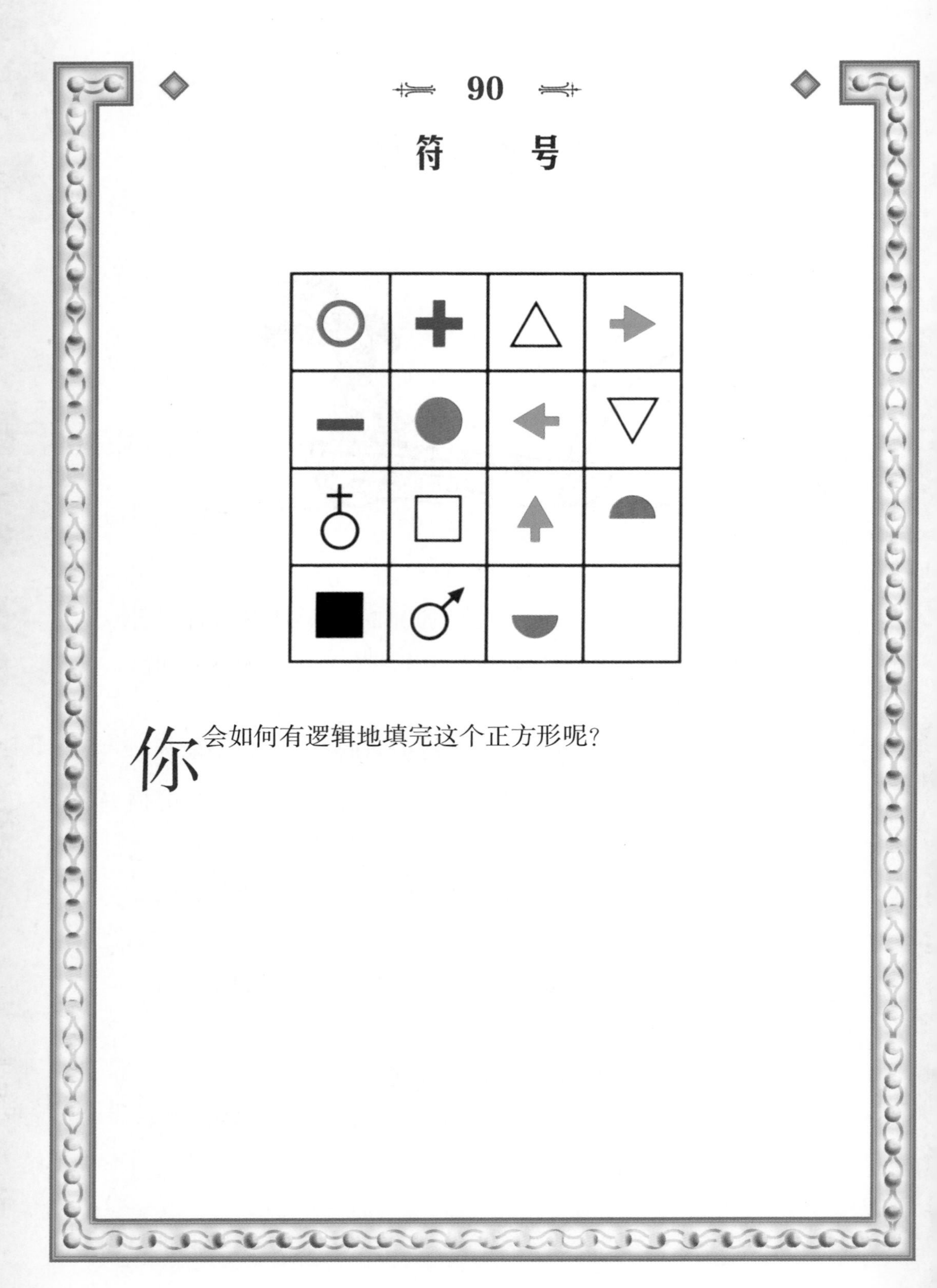

90

符　号

你会如何有逻辑地填完这个正方形呢？

91

有序排除

思考一下这个故事，华生。在一次抢劫案后，四名银行职员对劫匪进行了如下描述：

• 警卫说，他有一双蓝眼睛，个子很高，戴着帽子，穿着背心。

• 收银员说，他有一双黑眼睛，个子矮小，穿着背心，戴着帽子。

• 秘书说，他有一双绿色的眼睛，中等身高，穿着雨衣，戴着帽子。

• 主管说，他有一双灰色的眼睛，个子很高，穿着背心，但没有戴帽子。

后来经确认，每位证人只正确描述了一个细节，而每个细节都至少有一位证人描述正确。

对罪犯的正确描述是什么？

92

探寻真相

这个故事怎么样？一位探险家来到一个国家，那里的每个人要么住在平原上，要么住在山区。虽然他们说同样的语言，但平原上的居民总是说真话，而那些来自山区的人总是说假话。探险家对这种语言知之甚少。他只知道“Gzb”和“Nml”的意思是“是”和“不是”，但不知道哪个词对应哪种意思。于是他问了这个国家的3个居民每人2个问题：

- 其他两个人都来自平原吗？
- 其他两个人都来自山区吗？

除了一个人对第二个问题回答了“Nml”，所有其余的回答都是“Gzb”。你知道“Gzb”是什么意思吗？

93

电流逻辑

在电工中途退出施工后，蒂莫西必须独自完成他的新房布线工作。他勇敢地尝试着解开电工已经安装的如迷宫般错综复杂的电线。他特别担心的是从地下室到阁楼的3根相同颜色的电线。他想要识别它们，并且在其中一根导线的地下室和阁楼两端都贴上标签A，在另一根导线两端贴上标签B，还在最后一根导线两端贴上标签C。

他唯一的工具是一个电表，当一段导线的两端都连接到电表上时，它可以显示这段导线是否能够导电。多亏了这个电表，蒂莫西只需要在地下室和阁楼之间往返一次就可以贴完全部标签。

你能解释一下他是怎么做到的吗，华生？

94

行走的皇后

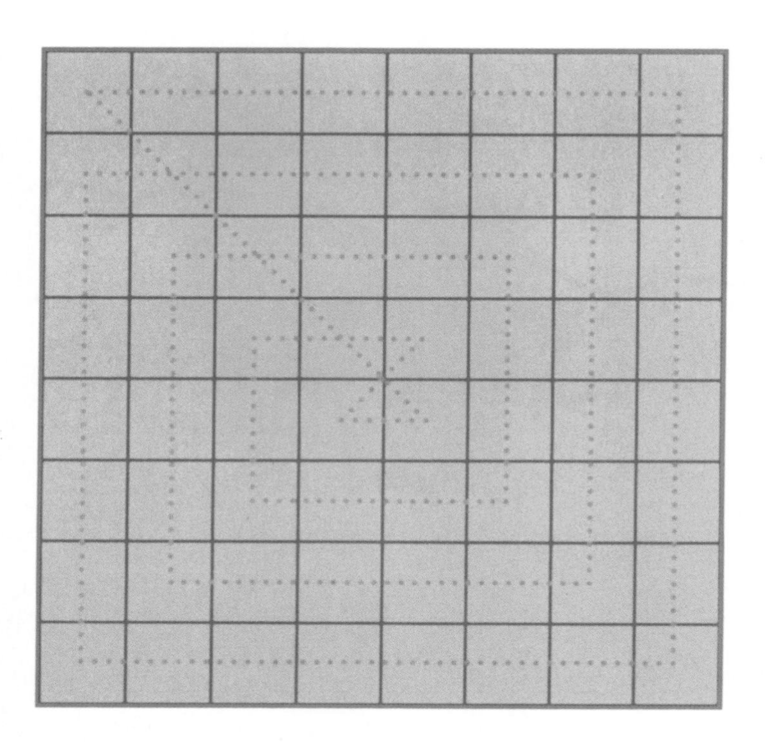

在国际象棋中，皇后能够在16步中，遍历标准的8×8棋盘中的每一个方格，并返回到她的出发点。这种“闭合循环”的终点就是起点，但如果你允许皇后多次经过相同的方格，她只需走14步就可以完成她的行程。

你会如何策划那个行程呢？

95

平局的选举

在市政厅，市议会的5名成员A安东尼、B伯纳德、C克劳德、D大卫和E埃德温即将选举市长。他们按名字的字母顺序顺时针围着桌子入座。在第一轮投票中，每个人都把票投给了那个给自己左侧邻座投票的人。当然，没有人当选。

华生，你能告诉我谁投了谁的票吗？

96

锁和钥匙

某家公司的现金存放在金库里，由3个相互不信任的合伙人共同保管。他们决定在金库的门上多装几把锁，并在他们之间分配一下钥匙，这样就能实现以下两点：

- 任何一名合伙人都无法独自打开库门。
- 任何两名合伙人都可以组合钥匙来一起打开库门。

他们需要多少把锁和多少把钥匙?

97

诗人和哲学家

华生，试着解决一下这个问题：

- 一些数学家是哲学家。
- 神灵们对哲学一无所知。
- 没有诗人实践数学。
- 所有凡人都是诗人。

这4种说法在逻辑上是相容的吗？

98

挑选厨师

有一名陆军将领正从625名志愿者中挑选一名厨师。她命令他们排成一个25行乘25列的正方形。她命令每行最高的人走出队伍，并从这25个人中选出最矮的志愿者。然后她改变了主意，让他们又回到原来的位置。

她又命令每列中最矮的人走出队伍，并从这25个人中选出了最高的志愿者。这两种方法选出的两个厨师恰好不是同一个志愿者。

那么这两个人谁更高，华生？

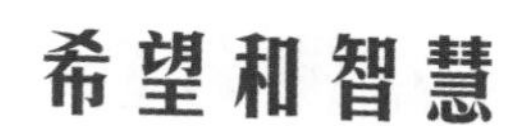

希望和智慧

从以下4种说法中可以得出关于暴力的什么结论：

- 无能排除了智慧的可能性。
- 希望只能建立在知识的基础上。
- 暴力是无能的最后避难所。
- 要想知道任何事情，一个人必须拥有智慧。

100

几何分割

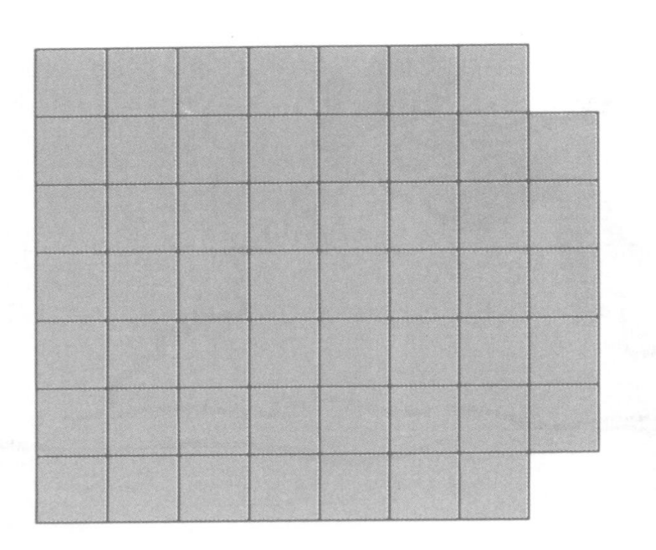

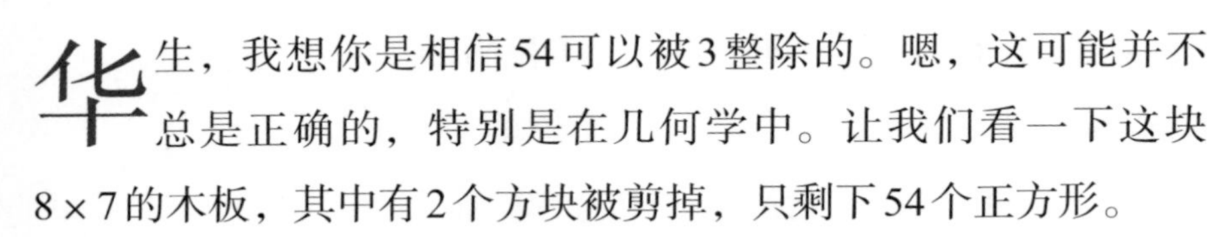

华生，我想你是相信54可以被3整除的。嗯，这可能并不总是正确的，特别是在几何学中。让我们看一下这块8×7的木板，其中有2个方块被剪掉，只剩下54个正方形。

你认为它能被一些由3个正方形组成的1×3的多米诺骨牌不重叠地覆盖吗？

蓝点黄点

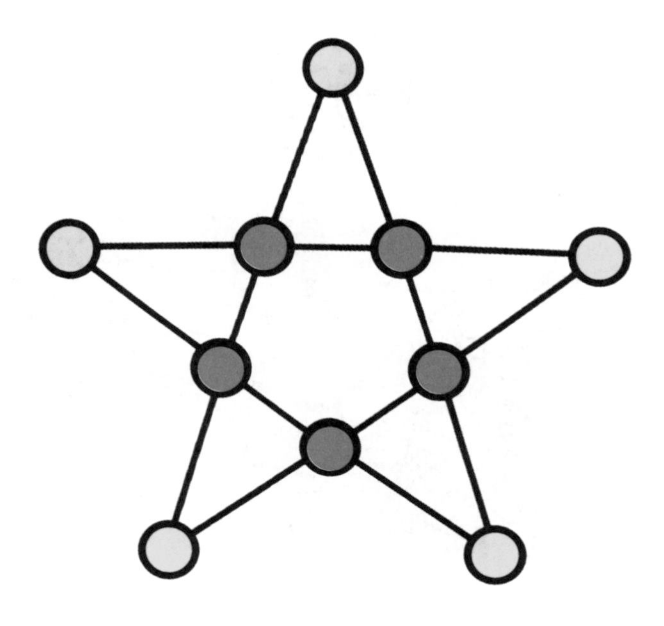

看看这张刻在城堡大门上方的图案。这是将10个点排成五条线，使每条线上面有2个蓝点和2个黄点的一种可能方式。

你能把21个点排成14条线，使每条线上有2个蓝点和2个黄点吗？

102

晚会搭配

试试这道题，华生。4对夫妇共度一个夜晚。他们的名字是伊丽莎白、珍妮、玛丽、安妮、亨利、彼得、路易斯和罗杰。在任何给定时间，以下情况都是正确的：

- 亨利的妻子不是与丈夫跳舞，而是和伊丽莎白的丈夫跳舞。
- 罗杰和安妮没有跳舞。
- 彼得在吹小号，玛丽在弹钢琴。

如果安妮的丈夫不是彼得，那么罗杰的妻子是谁？

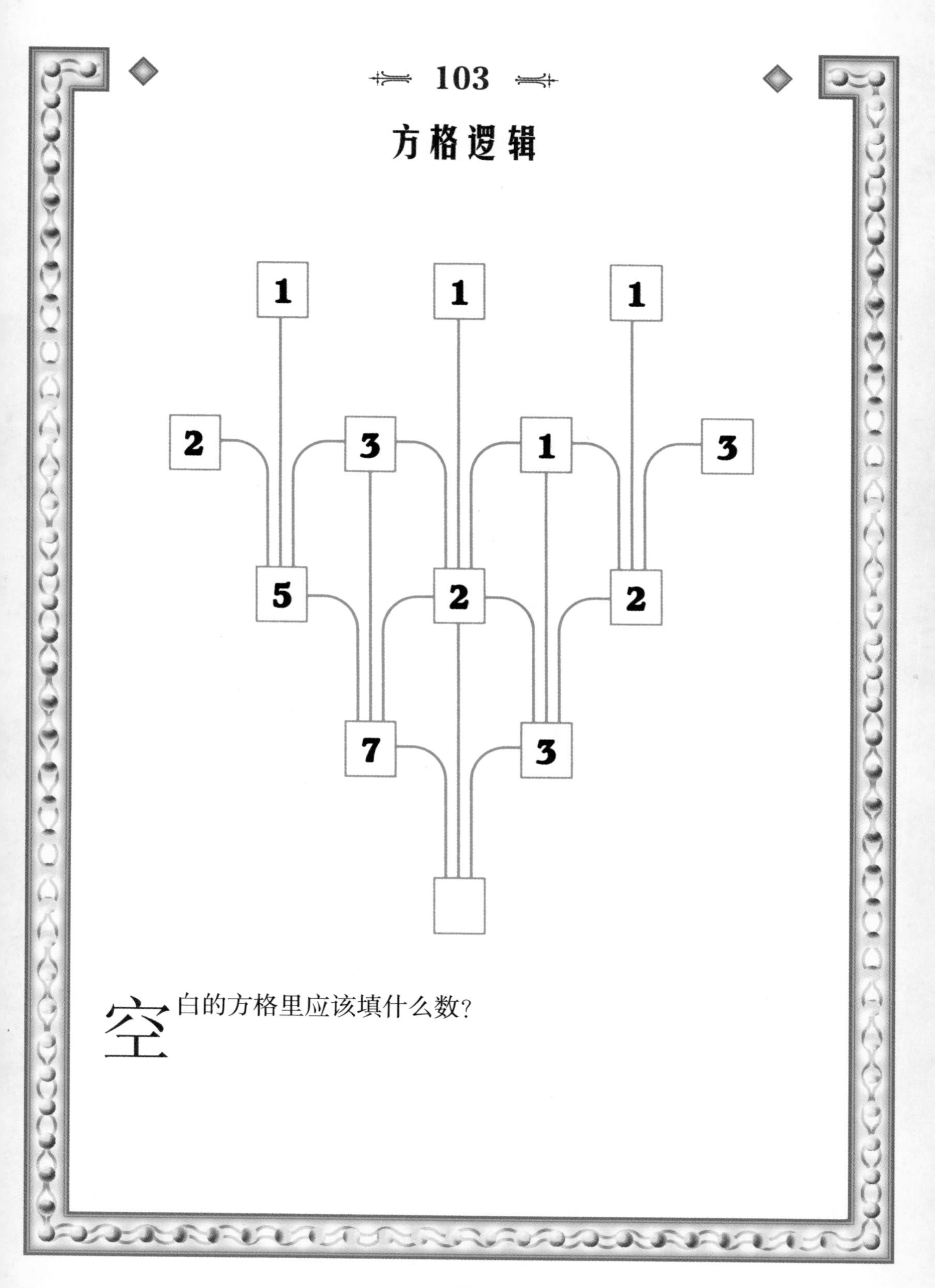

103

方格逻辑

空白的方格里应该填什么数？

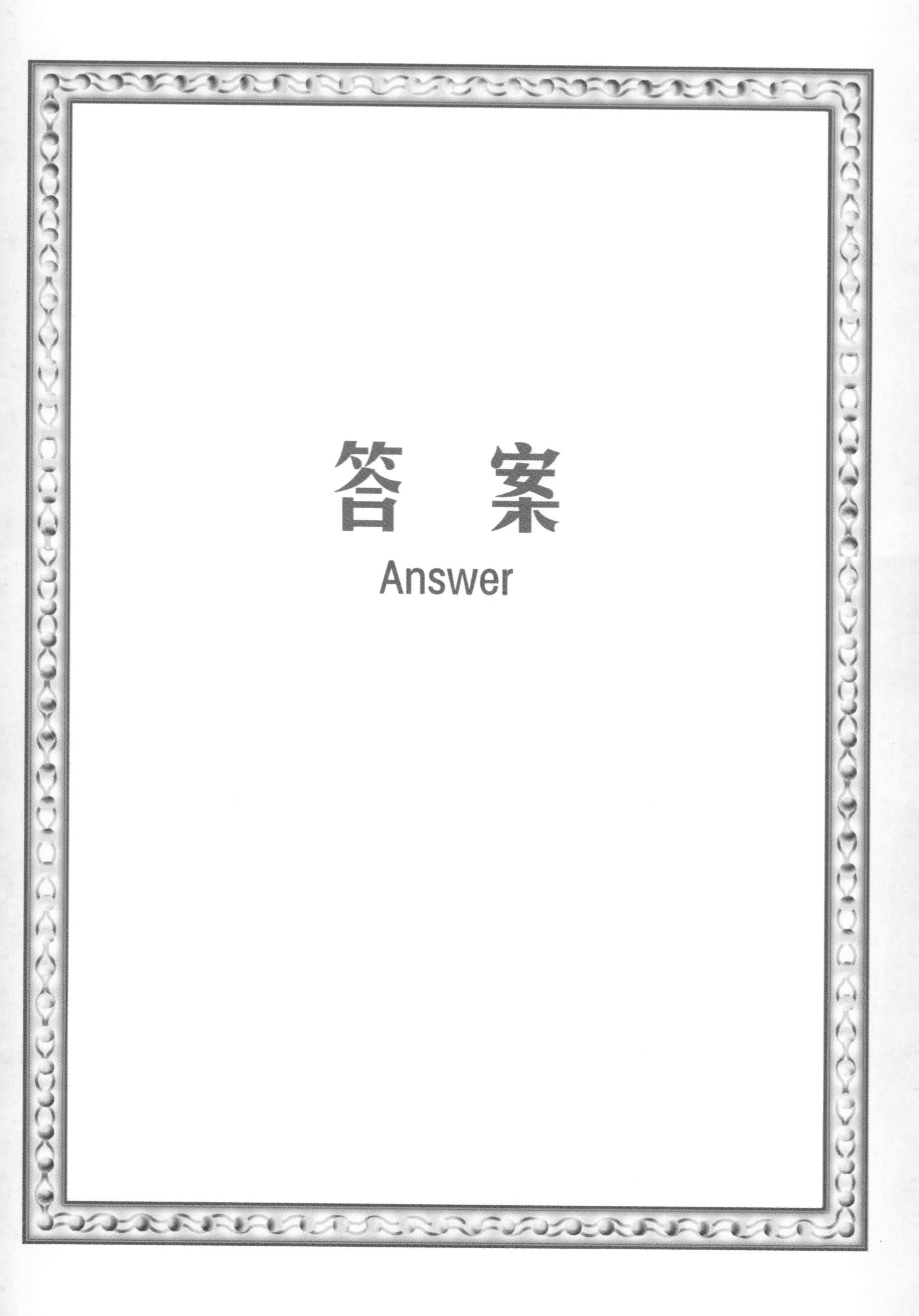

答　案

Answer

1. 帽子和自行车

一个朋友骑着B伯纳德的自行车。由于他戴的是另一位同伴的帽子，而按照题目帽子是C克劳德的，那么他就只能是A安德鲁了。假设B伯纳德骑着A安德鲁的自行车，那么C克劳德就只能骑自己的自行车。因为他不能骑自己的自行车，所以，B伯纳德只能骑C克劳德的自行车，C克劳德骑的是A安德鲁的自行车。

2. 家庭聚会

一个哥哥和他的妹妹出席了聚会，哥哥没有和妻子一起来，但是带着儿子，妹妹没有和丈夫一起来，但是带着女儿，且男孩的年纪比女孩大。这位哥哥也是他儿子的父亲，也是他妹妹女儿的舅舅，以此类推。

3. 火车计时

在7秒内，火车经过一位静止的观察者，或者换句话说，火车行驶了与自身长度相同的距离。横穿车站意味着火车行驶的距离是车站的长度加上它自身长度。因此，火车在$26-7=19$秒内行驶的距离是整个车站的长度。由于在1秒内它可以行驶的距离是$380\div19=20$码。由于它行驶完与自身长度相同的距离需要7秒，所以它的长度就是$7\times20=140$码。

4. 正方形切割

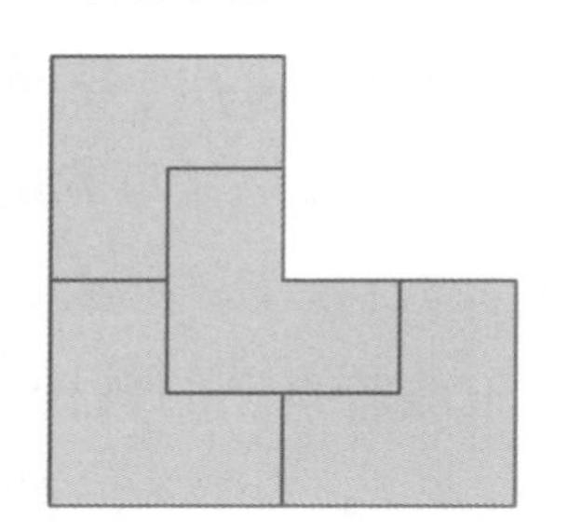

5. 巧妙的切割

这里有一种方法，可以在正方形移除占$\frac{1}{4}$面积的三角形后，将正方形的其余部分切成4个全等的区域。你需要想象一下不常见的形状Aa、Bb、Cc和Dd。

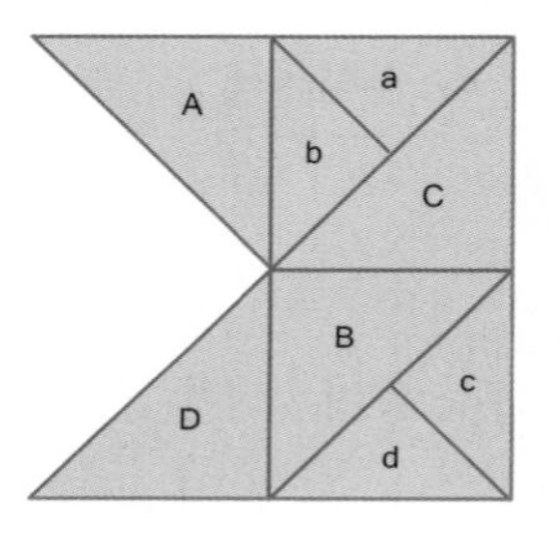

6. 沙漠中的旗帜

这项任务可以通过征募3个同伴，并携带着20天的供水，以4人组的形式出发。在第一天结束时，只剩下16天的供水。让你的一个同伴回到起点，随身带着一天的储水量，给你留下15天的供水，以便你们以3人组的形式继续行进。在第二天结束时，你还有12天的供水。第二个同伴带着两天的水回到起点，给你们留下10天的供水，让你们变成两人组一起继续前行。在第三天结束时，你将还有8天的供水，你的最后一个同伴带着3天的供水回到起点，给你留下5天的供水。这将使你可以进行为期1天的徒步旅行，以到达目的地插上旗帜，然后返程继续为期4天的旅行，回到起点。

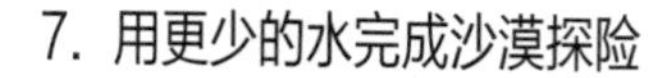

7. 用更少的水完成沙漠探险

如果你愿意往返多次，沿途储备水源，你可以用14天的供水量完成这一壮举。

1）带着5天的供水出发，把其中3天的供水储存在距离基地1天路程的位置，然后返回基地。

2）带着5天的供水从基地再次启程。步行1天后，从你的储备中拿出1天的供水补给，再往前走1天，在那里留下2天的供水补给，然后返回基地。

3）带着4天的供水离开基地，在途中的每次经过储水点时，再带上1天的供水补给。这样你就能到达目的地并返回。

8. 继续沙漠探险

这是一种只需要$11\frac{1}{2}$天的供水来插旗的方法。接受一个涉及几分之一天的解决方案是需要一点点创新思维的。让我们指定A点为起点，B点为距A点行进$\frac{1}{4}$天路程的地点，C点为距离A点$1\frac{1}{2}$天的地点，D点为要到达的终点。手持旗帜的人带着5天的供水出发；他把$4\frac{1}{2}$天的供水留在B点，然后回到起点A。他又带着5天的供水再次出发，在B点补给$\frac{1}{4}$天的供水，又在C点留下了$2\frac{1}{2}$天的供水，然后返回起点A，在返程中，他又使用了B点$\frac{1}{4}$天的供水。最后一次他带着$1\frac{1}{2}$天的供水离开起点A，在B点取了$3\frac{3}{4}$天的供水，又在C点拿了$1\frac{1}{4}$天的供水。然后他行进完剩下的路程，成功地插上了旗帜。当然，在回来的路上，他又从C点拿了$1\frac{1}{4}$天

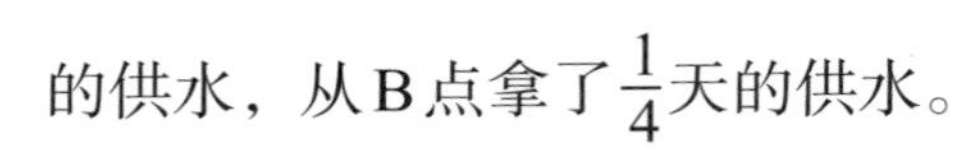

的供水，从B点拿了$\frac{1}{4}$天的供水。

9. 不可思议的沙漠问题解决方案

想出这个解决方案的人应该为此感到自豪吗？新队长可以带着$4\frac{1}{2}$天的供水和一个带着5天供水的同伴离开起点。$1\frac{1}{2}$天之后，新队长的同伴决定不再活下去了。现在新队长有$6\frac{1}{2}$天的供水。他可以把$1\frac{1}{2}$天的供水补给留在现在这个地方，只要在回来的路上捡起这些额外的补给，就可以完成通往目标并回到起点的整个旅程。

10. 沙漠问题的终极解决方案

想想这样一种简单的可能性：在穿越沙漠4天后插上国旗是你生命的最终目的。在这种情况下，你只需要带上4天的供水，目标实现了，那么你就可以离开这个世界了。这个也可以被称为敢死队式解决方案！

11. 小船上的嫉妒

7次横渡足以让一艘可载4人的船运送5对夫妇过河。

1）4个妻子上船，横渡到了对岸。

2）3位妻子留在对岸，1位妻子将船划回来。

3）划船的妻子留在原来的河岸上，在丈夫的陪伴下和1对夫妇一起休息，而其余3个丈夫乘船再次横渡与妻子团聚。

4）1对夫妇返回原来的河岸。

5）其中两对夫妇进行第5次横渡。

6）1对夫妇返回原来的河岸。

7）最后两对夫妇一起进行第7次横渡。

12. 更小一点的船上的嫉妒

至少需要9次横渡。我们用字母代表丈夫，数字代表妻子。就可以把4对夫妇们分别称为A1、B2、C3和D4。

A1BCD　横渡　234

A1B2CD　横渡　34

ABCD　横渡　1234

A1BCD　横渡　234

A1　横渡　B2C3D4

A1B2　横渡　C3D4

12　横渡　ABC3D4

123　横渡　ABCD4

最后123横渡，A1B2C3D4全部到达对岸。

13. 令人无语的嫉妒

7次乘船横渡就足够了。

1）5个妻子乘船过河。

2）1个妻子回来。

3）她的丈夫留在她身边陪着她，另外4个男人乘船过河。

4）1对夫妇返回。

5）任意2对夫妇乘船过河。

6）1对夫妇返回。

7）最后2对夫妇乘船过河。

14. 关于嫌疑犯的逻辑推理

A和C的后一句证词是最重要的，因为它们既相互呼应又可能存在矛盾。如果A说C会说实话是真的，那么就应该相信C所说的A在说谎，这是互相矛盾不可能实现的。因此，A的这句话肯定是假的，因此C的最后一句话也是不正确的。因为C的最后一句话与事实不符，那么A的证词里必须至少有一项是正确的。那只能是第一句证词正确，所以B是有罪的。

15. 当且仅当

第一个逻辑条件的两个假设通过“当且仅当”联系起来：（A）给汤姆或迪娜或两者同时加薪，但不给哈里加薪；（B）给汤姆加了薪。A和B两者必须同时为“真”或同时为“假”。当A假设的前后两个部分都为“真”时，A假设为“真”；如果A假设的前后两个部分只有一项为“真”，那么A假设为“假”。由于题目中是计划给三个园丁中的两个加薪，所以只有当汤姆和迪娜两个人加薪时，A假设才为“真”，B的假设也得到证实：汤姆加薪。但这样植物园主管的第二个逻辑条件就不成立了：迪娜加薪了，哈里却没有。所以，A假设和B假设没有办法同时为“真”。那么这两个假设可以同时为“假”吗？如果是迪娜和哈里加薪，第一个逻辑条件中，A假设为“假”，B也变成“假”了，并且第二个逻辑条件也成立。因此，是迪娜和哈里加薪了。

16. 互换棋子

只需要22步就可以了，其中一种走法为：11→6，2→9，10→5，1→8，12→7，3→4，5→12，8→3，6→1，

9→10，7→6，4→9，12→7，3→4，1→8，10→5，6→1，9→10，7→2，4→11，8→3，5→12。

17. 兄弟的生日

既然兄弟俩每人一年说谎的次数不会超过一次，那么在这个问题发生的时间段内，他们每人必须至少讲一次真话。因此，第一个人要么在12月30日出生，要么在12月31日出生。如果他出生在30日，他就不能在1月1日撒谎说他出生在31号。但如果他是在31日出生的，他可以在那一天撒谎，第二天说实话。

第二个人不是1月1日出生就是1月2日出生。如果他是在1月2日出生的，他就没有权利在去年12月31日撒谎，说他是1月1日出生的。他应该出生在1月1日，第一次说的是真话，第二次说谎。所以，兄弟俩一个出生于12月31日，另一个出生于1月1日。

18. 正方形和剪刀

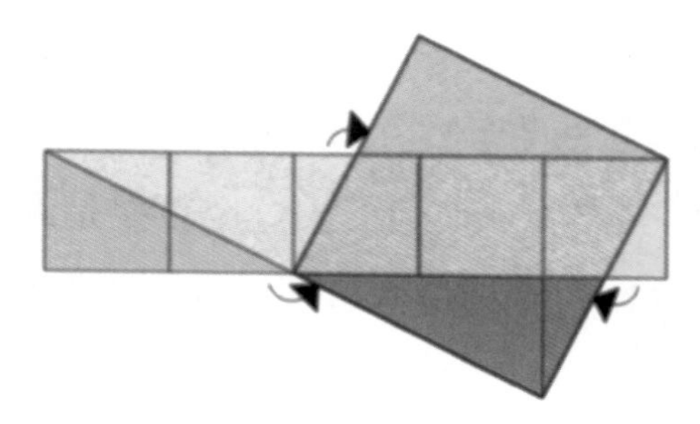

19. 立方体和砖块

唉，这个组装是不可能的。

让我们把一个立方体看成一个由27个1米×1米×1米的小

立方体组成的集合。其中，蓝色材质的小立方体和白色材质的小立方体交替叠放。

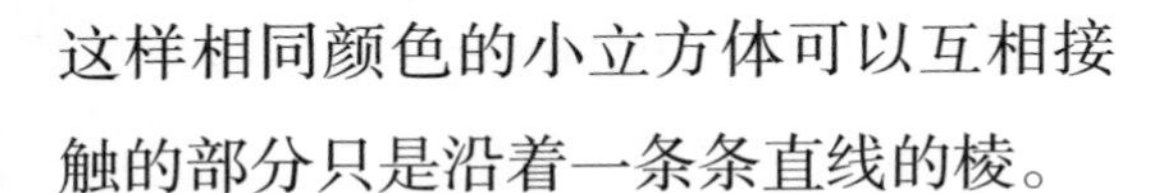

这样相同颜色的小立方体可以互相接触的部分只是沿着一条条直线的棱。

现在，如果把砖块组装成一个立方体，由于砖块都不能倾斜放置，且都必须与立方体的棱平行，每块砖都包含0.5个蓝色小立方体和0.5白色小立方体。这个立方体就一定会包含一样多的蓝色小立方体和白色小立方体。因此，如果按照上面的方法，27块砖块必然包含13.5个白色小立方体和13.5个蓝色小立方体，这显然是不可能组成一个立方体的。

20. 数学教授和他的助手

学生们年龄的乘积2 450=2 × 5 × 5 × 7 × 7。在19组可能的3个乘数（1, 2, 1 225），（1, 5, 490）……（7, 10, 35），（7, 14, 25）中，只有两组具有相同的总和：5+10+49=64和7+7+50=64。

因此，助手能得到两组可能的年龄。在这种情况下，年龄最大的学生要么49岁，要么50岁。而只有当这个教授是49岁的时候，助手才有可能解决这个模棱两可的问题，所以学生们的年龄分别是7岁，7岁，50岁。

21. 普罗泰戈拉打官司

如果法院裁定普罗泰戈拉是正确的，并且他赢得了这场官司，那么问题就解决了。但实际上，法院只会根据已经发生的事件作出裁决，它不能对正在发生的事件作出审判。由于到目前为止，该学生还没有赢过一场官司，法院必须维持她不支付费用的权利。

但是接下来，在审判结束的那一刻，这名学生的情况发生了变化：事实上，这时她已经赢得了一场官司。普罗泰戈拉现在可以通过第二次诉讼，提出有效的索偿要求。普罗泰戈拉肯定会赢得接下来的那场官司并且拿到学费，除非学生没有钱。但这种情况需要两次诉讼，而不是一次。

22. 泄露真相的对话

只知道这两个数的和必然不能确定两个加数，它可以由几个不同的数对的和得到，例如：$S=a+a'=b+b'=\cdots=n+n'$。

因此，西蒙知道保罗面对的是以下其中一对数字的积aa'，bb'，$\cdots$，nn'。在这样的情况下，其中一个数对的积pp'的乘数分解的不确定性，向西蒙揭示了解决方案。反过来说，pp'必须对应于几对乘数，应该说至少要有两对，这样西蒙才会无法确定乘数的积，进而使西蒙无法确定乘数，不会直接暴露给保罗，而且，其中只有一对乘数允许前面的逻辑操作。

让我们来解释一些以最小值开头的不能确定两个加数的和：

$6=2+4=3+3$，

在已知条件下，两个数对的积分别是8和9，而能得到这两个积的数对都是确定的。

$7=2+5=3+4$，两个数对的积分别是10和12。积是12的数对不可确定，为西蒙提供了答案3和4。让我们从保罗的角度来检查一下。他知道数对的积是12，并且可以推断西蒙的和是7或8。他认为7可以给西蒙足够的信息，但是8不能，因为8=2+6=3+5=4+4，3个数对分别对应3个积，12，15和16，积是12和16的数对都是不确定的，而不是只有唯一解。因此，保罗最后能够得出答案3和4。

这个问题只要求我们找出一对数，事实上另一些数对也符合题目要求：至少包括以下几对数，84与84，69与96。

23. 写到手抽筋

鉴于他写最后一页的时候，每天可以写$\frac{1}{50}$页，那么他每天的写作速度也就是剩余页数的$\frac{1}{50}$。因为他以每天写$\frac{1}{10}$页的速度开始，这意味着这部作品一共包括5页。第一页花了他10天；第二页，以每天$\frac{4}{50}$页的速度完成，花费12天半；第三页，以每天$\frac{3}{50}$页的速度完成，花费$16\frac{2}{3}$天；第四页，以每天$\frac{2}{50}$页的速度完成，花费25天；第五页花了他50天；总共花费114天。

24. 钟表指针重合的情况

每12个小时，钟的3根指针分别转1圈、12圈和720圈。时针和分针重合11次，时针和秒针重合719次，每种情况的间隔时间相同。由于719和11是互素的，所以这3根指针不能在12小时内完全重合。

25. 飞机上的逻辑

A的说法一定是真的。如果他说谎，他就是最后一名，这与说谎人的身份必须是第一名或第二名相矛盾。因此，A是第三名或第四名。

如果D说的是真话，第二名的E就是在说谎，根据E的发言D就应该是第一名并且也在说谎，这是自相矛盾的。所以D在撒谎，E不是第二名，D是第一名或第二名。

如果E在撒谎，D就是第一名，只有金牌和银牌得主撒谎，E就应该是第二名。与D撒谎说E是第二名相矛盾。因此，E说的是实话，这使E只能排在第三、第四或第五名。D也不能是第一名，只能是第二名。

只有B或C可以是第一名。如果B不是第一名且C是第一名，由于B也不可能是第二名，那么B说的是实话，C就是第三名，这与C是第一名的假设相矛盾。所以B只能是第一名，B在撒谎，C也就不可能是第三名。C不是第一名也不是第二名，那么C说的A落后于E肯定是实话。所以E是第三名，A是第四名，C是第五名。

运动员的排名顺序为：B，D，E，A，C。

26. 正方形合二为一

两次切割就足以把两个正方形变成第三个正方形，只要你将它们按如下图所示的方法排列摆放。图中的箭头线表示那两个位置的长度相等。

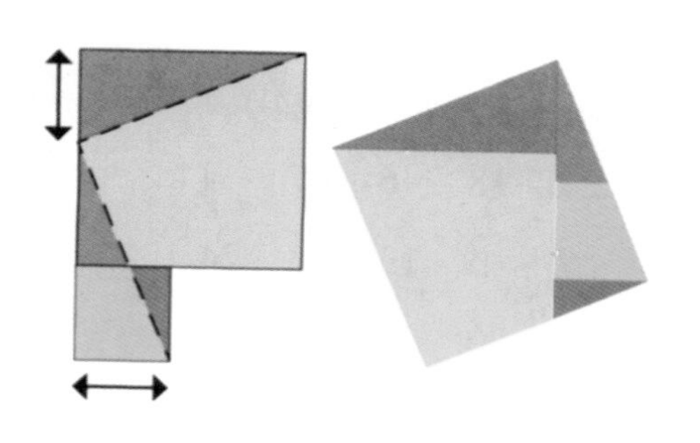

27. 幻方

二阶正方形数格包含数1、2、3、4。每行、每列及每条对角线上的数之和最小是3，最大是7。因此，不可能有6个不同的和。而对于三阶正方形数格，据一位投稿人报告，存在3120种“异构”的正方形数格，它们是从计算机快速生成的45 360个所有可能的三阶正方形数格中被挑选出来的。下面是其中的一些例子：

1 2 3　　9 8 7　　6 5 4
4 5 9　　2 1 6　　7 2 3
6 8 7　　3 4 5　　8 1 9

28. 非幻方

这是一个不可思议的“非幻方”，每条线上的数之和是从29到38：

6	8	9	7
3	12	5	11
10	1	14	13
16	15	4	2

这个5×5的“非幻方”中，每条线上的数之和是从59到70：

21	18	6	17	4
7	3	13	16	24
5	20	23	11	1
15	8	19	2	25
14	12	9	22	10

29. 有策略地选定日期

最先选择日期的玩家（A）一定会赢，只要他能记住以下日期：1月20日，2月21日，3月22日，4月23日，5月24日，6月25日，7月26日，8月27日，9月28日，10月29日和11月30日。在实际的游戏比赛中，必须尽快选择其中一个日期。

如果A说了11月30日，B只能回答12月30日，这样A可以说12月31日，就会赢得这场游戏。

如果A说了10月29日，B只有四个可能的答案：其中10月31日和12月29日是可以让A立即获胜的答案，还有10月30日和11月29日，这两个答案可以留给A选定11月30日的机会，就是说可以让A按照前面说过的方法，通过两步获胜。

所以，如果可以从1月20日开始选定日期，A就能够一直保持优势并且获胜。

30. 手动策略

首先，您需要记住从1到29的素数序列：

1, 2, 3, 5, 7, 11, 13, 17, 19, 23, 29。

关键数是23：这是第一个距离下一个素数29开始超过5的素数。因此，我们的目标就是成为报这个累计数的玩家。要做到这一点，获胜者必须使他的对手不得不报出13，这可以通过自己先报出11来实现，如果想要对手不得不报7，获胜者就要首先报出5这个数。A赢的方法是从5开始报数。

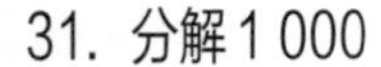

31. 分解1 000

这两类方法的分解结果数量相等，因为奇数集和偶数集中的元素是一一对应的。

偶数集合中的元素1 000=$a+b+c+d$

可以与奇数集合中的元素1 000=（$a-1$）+（$b-1$）+（$c-1$）+（$d+3$）对应；

而奇数集合中的1 000=$a'+b'+c'+d'$

可以与偶数集合中的

1 000=（$a'+1$）+（$b'+1$）+（$c'+1$）+（$d'-3$）对应。

这种一一对应关系表明这两个集合的大小是相同的。

32. 化星星为正方形

以下是可以把星星变成正方形的6次简单切割方案：

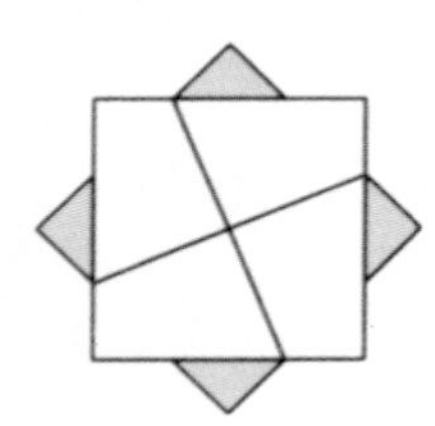

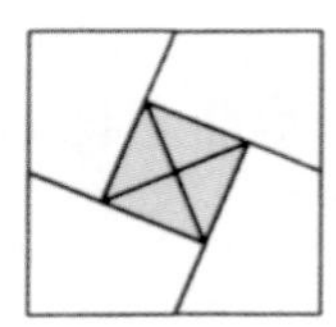

33. 父亲、儿子和马

除非一个人在考虑这个问题时小心翼翼，否则极有可能陷入一个陷阱，即相信可以以骑马的速度来行进任何一段路程，从而缩短旅程的总时间。实际上如果父子俩要同时到达目的地，那么在整个旅程中骑马的人不可能比步行的人花费更少的时间。一旦骑马的人走得比步行的人快，他必须在对方落后时原地等待，直到对方追上为止。事实上，如果没有规定

每个人在哪一段路程可以骑马，这个问题不会有一个确定的解决方案。为了在最短的时间内（7个半小时）一起到达终点，儿子必须在整段路程中一直步行。无论如何，这位父亲应该也会更喜欢这种解决方案。

34. 令人痛苦的睫毛

与其关注睫毛刺激发生的时间间隔，不如让我们先研究一下这种现象每次发生的时间。这样就得到了以下天数：2, 4, 9, 12, 13, 16, 20, 23, 26, 28, 30, 36, 37, 39。如果华生只需要摘出一根规律生长的正常睫毛，那么他应该会得到一个规律的等差序列。但现在这种现象肯定有着更为复杂的成因。有没有可能几根睫毛在以不同的速度生长？

有人已经注意到里面存在一个从零开始的等差数列：0, 13, 26, 39。因此，华生摘下的这根睫毛应该是能够在13天的周期内生长而成的。而其他的观察结果也只有通过将它们分成两个等差数列来使其变得有规律：一个首项为2，公差为7；另一个首项为4，公差为8。

所以这种刺激可能是由3根睫毛分别在7天、8天和13天的周期内反复生长而造成的。

35. 有多少部电梯

在6个中间楼层内必须提供15种楼层到楼层的直达方式，并且每部电梯最多提供3种，因此根据经验至少要有5部电梯。

这种情况等效于将连接六边形顶点的15条线段合并到5个

不同的三角形中。如果选择了“三角形”1–3–5，则线4–5要么绑定到2，使5–6不可用，要么绑定到6，将3–4连接到2，留下1–4不可用。

每个三角形都必须至少有一条外部边，并且只有一个三角形可以有两条外部边，例如1–2–3。但在这种情况下，3–4只能与6绑定，1–6不能属于任何三角形。因此，这种划分是不可能的，人们被迫使用性价比略低的六部电梯系统。

如：

G 1 2 4 7

G 2 3 5 7

G 3 4 6 7

G 1 4 5 7

G 2 5 6 7

G 1 3 6 7

36. 规划路径

其中一种解决方案分为两个步骤：开始出发和返回结束，以使其更具可读性。

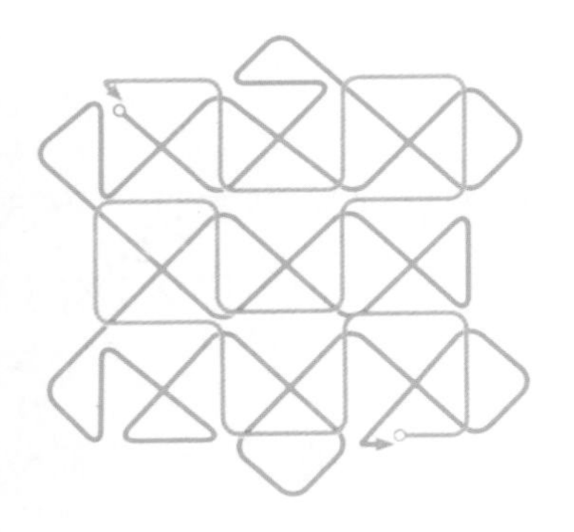

37. 当心火车

在相同的时间内，这个人可以通过向前跑完最后$\frac{1}{3}$桥长的方式逃脱，也可以向后跑过桥长$\frac{1}{3}$。与此同时，火车刚好开到桥上。如果此人向后跑也可以逃生，那就意味着在此人跑完剩余$\frac{1}{3}$桥长的时间里，火车正好可以跑完整座桥的全长。于是，我们知道这名男子奔跑的速度是火车速度的$\frac{1}{3}$，也就是每小时15英里。

38. 节日庆典

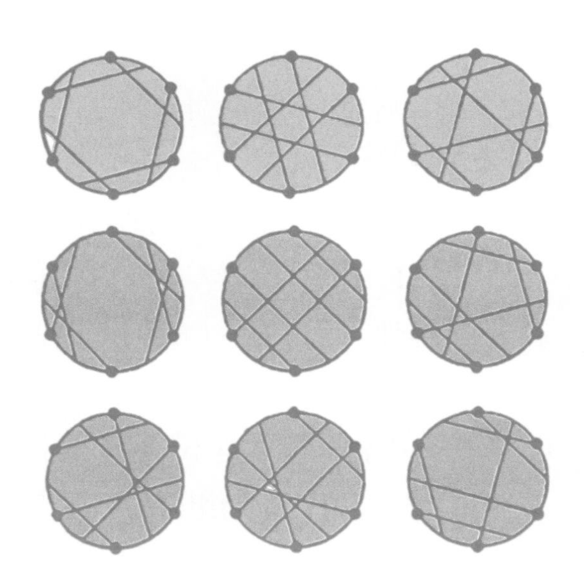

让我们用圆圈上的点来代表每一个女性，然后用直线把每个女性和她丈夫的位置连接起来。如果我们系统地浏览这6条线的所有排列方式，我们可以得到9个不同的图形，每一个图形都可以通过线条旋转而重新置换排列。在第一个图形中，图形本身和它的镜像为丈夫们提供了两种座位安排。同样，第二个图形提供了另外2种座位安排。后面的图形依次分别给出了4，6，6，12，12，12和24种座位安排，总共得到了80种布置方案。因此，所有这些可能的餐位布置方案将在

40年内用尽。

39. 不同步报时

似乎没有一种代数解决方案可以快速试错。所以让我们来用一个更简单的方法，在脑中想象（或实际使用）两张纸条，用一些竖线将这两张纸条分别以5秒和4秒的间隙分隔，来代表两个时钟的钟声。由于两个时钟的钟声开始时间不能超过3秒，所以我们一共有7种相对位置可以把两张纸条以秒对秒的方式对齐。尝试这7种摆放方式你会发现有4种情况下可以听到13次敲钟声，而这4种情况对应的都是9点钟。如果忽略两个时钟秒针旋转速度的差异，我们可以认为这个时刻就是9点钟。

其实还有另一种更加合理的解决方案。如果你能接受这两个时钟的时间差不是整数秒，那更应该考虑一下现在是8点钟的可能性，尤其是它们的时差在2到3秒之间的时候。

40. 打断和焊接

打开一个链环显然是不够的。这样就剩下了长度为1、a和b的3个链条段。重新组合这些链条段将产生最多7种不同的长度：1、a、b、a+1、b+1、$a+b$和$a+b+1$，不能覆盖23种长度。如果打开2个链环，得到5个链条段，这样就可以允许更多的组合方式。大家可以通过以下分段方式来解决这个问题：3–1–6–1–12。打开两个链环就足够了。

41. 非常基本的推进力

虽然这听上去似乎违反了物理定律，但这样的船是有可能实现的，而且已经在英国参加了特殊的比赛。它的“马达”是由一根系在船头的绳子组成的。为了让船向前移动，船员们让绳子做了一系列快速而急促的抽拉动作。这个系统依赖于水的某种摩擦效应，如果没有这样的介质（比如说在外太空），这个系统就无法工作。因此，可以通过3个步骤来移动这艘小船的重心：

1）重心向船头移动。当一个人身体前倾时，受水的阻力影响，船会产生轻微的向前运动。

2）向船头的移动同样会因摩擦而减慢速度。

3）绳索突然拉紧将动能传递到船上，提供的冲力明显比前两步的效果更大。

这位发明家用这种方法证明了他可以达到3节的航行速度。

42. 把花瓶变成方形

经过2次剪切就可以拼接成正方形。

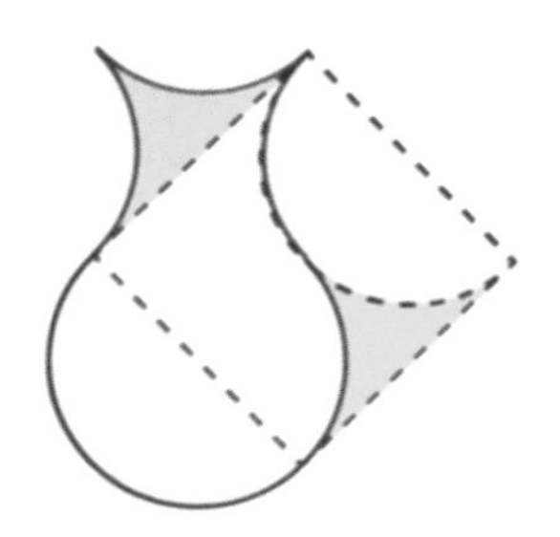

43. 法魔魔法

如果正方形的5行回文数都有相同的和，那么这25个回文数的和必须能被5整除。让我们来看看这个和是否以5或者0结尾。从11开始的25个回文数是11, 22, …, 99, 101, 111,

121, …, 191, 202, …, 252。因为它们的个位数字之和是67，这25个数的和不能被5整除，所以不能够用它们构成幻方。

44. 井字必胜法

第二个玩家肯定会赢。只要他给对手留下2个没有对齐的空格，或者沿2条直线对齐的2组共4个空格，那么他肯定能填完最后一个方格。

不管对手的战术如何，第二个玩家总是可以重新占据那个位置。如果对方开始时的攻势是填充2个或3个方格，第二个玩家可以完成由5个方格组成的一个T，一个L，或者一个十字交叉。如果对方开始时的攻势是填充一个方格，他就可以再填充两格使已被填充的3个方格形成一个直角。不管对方如何反击，他都能一直保持必胜的局势。

45. 丢失的代币

代币面值的总和是1+2+3+4+5+6+7+8+9=45，除非丢失的代币面值也是可以被3整除的，否则剩余代币面值的总和不可能被3整除。因此，丢失的代币面值必须是0、3、6或者9，这意味着剩余代币面值的总和是45、42、39或36。这些总数中只有36可以被4整除，所以丢失的那枚代币的面值一定是9。

但这些条件是不够的。要想完整解答这道题，首先必须证明这些代币确实可以被分成面值相同的3组或4组。实际上，它们可以被分为面值之和均为12的3组：（8，3，1)，（0，7，5)，（6，4，2)；此外，它们还可以被分为面值之和均为9的4组：(8，1)，(7，2)，(6，3)和(5，4，0)。

46. 数字逻辑

6 281：每个数与前面相邻的数有两个共同的数字。

47. 遍历六边形

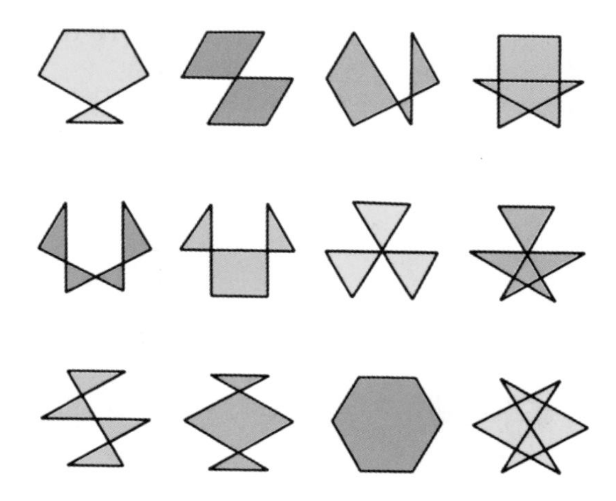

48. 未列出的号码

为了消除含有“12”的六位数数字，我们将根据以下形式区分五类数字：

A 1 2 . . . .

B . 1 2 . . .

C . . 1 2 . .

D . . . 1 2 .

E 1 2

每一类包含10 000个数字。AB、BC、CD、DE没有共同的数字。而另一方面，AC、AD、AE、BD、BE、CE各有100个共同的数字。还有一个A、C、E三类共有的数字：

121 212。因此，要排除的号码个数是：

$5 \times 10\,000 + 1 - 6 \times 100 = 49\,401$。

49. 数字游戏

$$9=\frac{57\,429}{06\,381}=\frac{58\,239}{06\,471}=\frac{75\,249}{08\,361}=\frac{95\,742}{10\,638}=\frac{95\,823}{10\,647}=\frac{97\,524}{10\,836}$$

当然，纯粹主义者可能会对前3个分数中没有真正意义的“0”表示不满。

50. 反面，我赢了

解决这个问题的最简单方法是注意到，在游戏开始时，有$\frac{1}{2}$的概率会出现反面，第一个玩家将获胜。第二个玩家在他第一次掷硬币时获胜的概率是$\frac{1}{2} \times \frac{1}{2}=\frac{1}{4}$（第一个玩家掷出硬币正面的概率乘以第二个玩家掷出硬币反面的概率）。因为在每一轮掷硬币活动中，第一个玩家获胜的机会总是第二个玩家的两倍，而且由于总有一个人赢，他们各自获胜的概率之和必须是1，所以第一个玩家和第二个玩家的获胜概率分别是$\frac{2}{3}$和$\frac{1}{3}$。

51. 箭头逻辑图

30，因为沿着每个箭头的方向加2。

52. 可靠的逻辑

字母“T”就是答案。拿起任何一根铁棒，把一端推到另一根铁棒的中间位置，形成一个“T”字形。如果被磁化的铁棒是“T字形”的顶部一横，那么另一根铁棒对它就没有磁吸力了。

53. 数字趋势

10：从1开始，数沿竖直方向增加1，沿斜向增加2。

54. 漫画顺序

让我们称这4幅画为：

A　B

C　D

D在A和C之前：修道士的罐子还没有被推倒。

A在C之前：穿着白色靴子的火枪手正在重新戴上他那顶沾满酒渍的帽子。

B在D之前：穿着黑色靴子的火枪手正把他的斗篷扔在桌子上（在决斗中他无法穿上它）。

那么正确的顺序是B, D, A, C。

55. 网格逻辑

字母仍然是按照字母表顺序排列的，但排列方式是字母沿着如下图中箭头所示的两条对称路径交替排列。

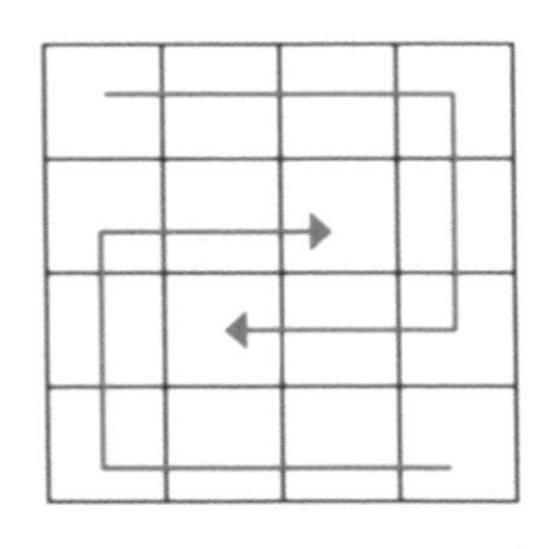

A	C	E	**G**
L	N	**P**	I
J	**O**	M	K
H	F	D	B

56. 姐妹逻辑

SUE：每对姐妹的名字都包含所有5个元音字母，且每个字母各出现一次。

57. 关键词

因为单词不包含E或G（参见LEG），所以ERG中唯一相同的字母是R。那么，SIR中的相同字母是R，而且是所需单词的第三个字母。I和L不包含在所需的单词中，所以AIL的相同字母是A。A不是所需单词的第一个字母，所以它一定是第二个字母。SIC中的相同字母是C，并且它必须是所需单词的开头字母。所以这个单词是“CAR”。

58. 领带的颜色

领带一共有5种颜色。前5条领带的颜色可能各不相同，但前6条领带不可能都是不同的颜色。

59. 火柴连接

5根火柴可以通过12种方式连接：

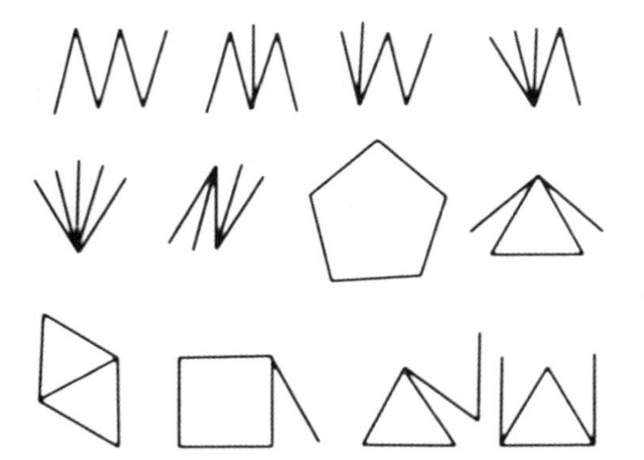

60. 赔率和卡牌

在计算这个实验中的概率时要小心。不是只有2个可能同时发生的事件，而是3个。看到的白色面可能是白色卡牌的其中一面或另一面，也可以是红白色卡牌的白色一面。因此，

另一面也是白色的可能性是$\frac{2}{3}$，而不是$\frac{1}{2}$。所以白牌的赔率应该是2 ： 1，或者说6美元对3美元。如果我出价比这个低，那么我的胜算就更大。

61. 寻找规律

从第三行第三列的A开始，ABC，ABC，ABC，依此类推，沿着螺旋线顺序书写的。

62. 反面，我又赢了

把赌注押在反面上。当硬币落在桌子上时，把你的手拍在它上面，说:“我宁愿看看向下的一面是什么，这样我就能知道是哪一面没有出现了。”然后你把硬币翻过来，露出正面，并赢得游戏。但是要时刻小心，你的对手可能有两枚硬币，一枚作弊的用于游戏，一枚正常的用于对方检查。如果她产生了怀疑，可能随时会调换它们。

63. 四个字母的关键词

“EGIS”和“LOAM”的8个字母都不相同；所求单词的4个字母都在其中。所以在“PLUG”中，与所求单词的字母相同的是L和G，而在“ANEW”中，与所求单词的字母相同的是A和E。

由于4个给定单词的首字母已经包括A、E和L，因此G必须是所求单词的第一个字母。给定单词中的第三个字母已经包括A和E，所以只有L可以是所求单词的第三个字母。“GELA”不是一个“常见英语单词”，所以答案是“GALE”。

64. 公共面积

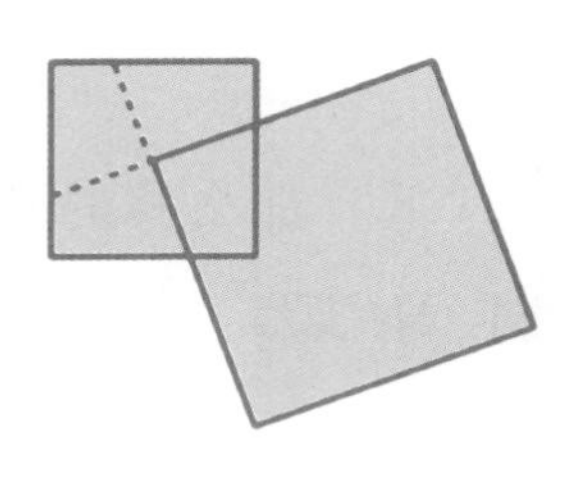

如果你在小正方形内继续延长大正方形的边，答案是显而易见的：根据对称性可以得出，两者重叠部分的面积是小正方形面积的$\frac{1}{4}$。

65. 越野跑

是的，有可能的。假设这3个朋友已经跑了30次，结果如下：

- 前10天的到达顺序是蒂莫西，厄本，文森特。
- 接下来的10天里，到达顺序是厄本，文森特，蒂莫西。
- 在最后的10天里，是文森特，蒂莫西，厄本。

在30天内的20天中，蒂莫西在厄本之前到达终点。在30天内的20天中，厄本比文森特先到达终点。而在30天内的20天中，文森特比蒂莫西先到达终点。

66. 五个字母的关键词

由于GUSTO和LIGHT与所求单词没有共同的字母，因此BUILD中唯一的共同字母是B，而且它是所求单词的开头字母。BUGLE中与所求单词相同的字母一个是B，另一个是E（不在正确的位置）。

ADULT与所求单词相同的字母是A和D，所以DYING中与所求单词唯一一个相同的字母是D。Y不是共同的字母，还有S、T和O也不是，因此STORY中与所求单词唯一相同的字母是R，在正确的位置。所求单词中有BDR或BRD的序列，并且必须为BEDRA、BEARD或BAERD。其中，常见

单词只有BEARD。

67. 按字母排序的朋友们

最后给出的事实意味着没有人让自己的女儿和儿子嫁娶同一个朋友的儿子和女儿。让我们用他们的名字首字母来称呼这五位朋友："A的女婿的父亲的儿媳"就是指A的女儿。"C的儿媳的父亲的女婿"就是指C的儿子。

那么A的女儿就是B儿子的姻姐/姻妹，这只能说明是她的哥哥/弟弟（A的儿子）娶了B的女儿。同样，C是把他的女儿嫁给了D的儿子。

谁是D的女儿的丈夫？他不可能是C或A的儿子。我们假设他是B的儿子，那么C的女儿（此时B的儿媳的父亲的儿媳）的婆婆是D的太太，A的儿子（此时D的女婿的父亲的女婿）的岳母是B的太太，所以D的女儿不可能是嫁给了B的儿子。因此D的女儿嫁给了E的儿子。D的女儿和B的儿子有一个共同的婆婆/岳母：E尤金夫人。她的女儿嫁给了B伯纳德的儿子。

68. 合理的圆圈

24。每个圆中心的数是该圆圆周上的3个数之和。

69. 蒂莫西的朋友们

D狄金森是唯一一个只认识其他人中的一个的人。他的名字一定是D4戴夫。

B2鲍勃既不是D狄金森，也不是B布朗。他不认识B布朗，不可能是和B布朗共进过午餐的A亚当斯或C卡特，所以B2鲍勃只能是E爱默生。

所以共进午餐的3位朋友A亚当斯、B布朗和C卡特的名字只能是剩下的A1亚历克斯、C3奇普和E5埃尔默，他们两两相互认识。A1亚历克斯认识C3奇普和E5埃尔默。因为已知条件表明他只认识2个朋友，所以A1亚历克斯不认识B2鲍勃·E爱默生或D4戴夫·D狄金森。

因此，B2鲍勃·E爱默生认识的3个朋友只能是C3奇普、D4戴夫·D狄金森和E5埃尔默。由于D4戴夫·D狄金森只认识1个朋友，所以他不认识C3奇普和E5埃尔默。

下面分析他们认识的人数。

由前述分析可知，C3奇普不认识D4戴夫·D狄金森但认识B2鲍勃·E爱默生，还认识共进午餐的A1亚历克斯和E5埃尔默，所以C3奇普认识3人。

结合已知条件，可知A1亚历克斯认识2人，C3奇普认识3人，E5埃尔默认识3人。

已知B2鲍勃·E爱默生不认识B布朗，且他认识3人，所以B2鲍勃·E爱默生认识A亚当斯、C卡特和D4戴夫·D狄金森。另外，已分析得D4戴夫·D狄金森只认识B2鲍勃·E爱默生1人，也即他不认识A亚当或B布朗或C卡特。因此，A亚当和C卡特都认识B2鲍勃·E爱默生以及共进午餐的另外2人，也即A和C都认识3人。

已知B2鲍勃·E爱默生不认识B布朗，已分析得D4戴夫·D狄金森不认识B布朗。所以，B布朗只认识共进午餐的A亚当斯、C卡特2人。

所以A亚当斯认识3人，B布朗认识2人，C卡特认识3人。A1亚历克斯和B布朗是仅有的只认识2个朋友的人的名字和姓氏。那他们必然是同一个人：A1亚历克斯·B布朗。

由于已知C3奇普认识A亚当斯，所以这是不同的两个人。A亚当斯的名字是E5埃尔默，C卡特的名字是C3奇普。

这5个朋友的全名是E5埃尔默·A亚当斯、A1亚历克斯·B布朗、C3奇普·C卡特、D4戴夫·D狄金森和B2鲍勃·E爱默生。

70. 漂浮在岩石上

在整个实验过程中，水位保持不变。

当冰块在玻璃杯中时，它会随着熊和游泳圈一起漂浮在水面上，从而排开相当于它的质量的水。

当它掉到海洋里时，它又浮起来了，仍然排开了相当于它的质量的水。当它融化时，它会变成液态的水，且质量不变。因为它是冰，所以它的质量所对应的水的体积等于它的液态体积。

71. 房屋和女儿

我们知道：

- A安德鲁的房子叫b贝拉。
- B伯纳德的房子叫d唐娜。
- C克劳德的房子叫a安妮。

他们只能用朋友的女儿的名字给房子命名，所以C克劳德不可能是d唐娜的父亲。b贝拉的父亲给他的房子取名为e伊

芙，那么他只可能是D唐纳德或E尤金。

同样，e伊芙的父亲只能是D唐纳德或E尤金。鉴于他曾给E尤金打过电话，他只能是D唐纳德。他的房子是c塞西莉亚。

E尤金是b贝拉的父亲，A安德鲁是d唐娜的父亲，B伯纳德是a安妮的父亲，C克劳德是c塞西莉亚的父亲，D唐纳德是e伊芙的父亲。

A安德鲁的房子叫b贝拉，B伯纳德的房子叫d唐娜，C克劳德的房子叫a安妮，D唐纳德的房子叫c塞西莉亚，E尤金的房子叫e伊芙。

72. 国际会议

每一个讲同一种语言的21人“语言群”都会有4个“子群”：（1）会讲3种语言的人，（2）会讲2种语言的人，（3）会讲另一组2种语言的人（例如，德语组中的英语和德语子群，就和其中的法语和德语子群不同），以及（4）仅会讲1种语言的人。我们知道只有3种方法，可以使21分解成4个不同且都大于2的数的和：

$$
\begin{aligned}
21 &= 3 + 4 + 6 + 8 \\
&= 3 + 5 + 6 + 7 \\
&= 3 + 4 + 5 + 9
\end{aligned}
$$

最后一行包含最大的“子群”的人数信息，因为他们是只说法语的人组成的“子群”，所以最后一行是讲法语的“语言群”中各“子群”的人数分布情况。

而讲英语和德语但不讲法语的人组成的“子群”的人数信息必定在前两行中出现，且是前两行的公共数字，即3或6；会说3种语言的人组成的“子群”的人数信息必定在三行中均出现，只能是3。因为6没有出现在最后一行，所以应该有6个人会说英语和德语，但不会说法语。

73. 硬币的区别

把硬币扔到船上，水位会有更明显的变化。如果扔在水中，硬币会排开和它相同体积的水；而扔在船上，它会排开和它相同质量的水。由于硬币是金属，它的密度比水大，所以与硬币相同质量的水会比与它相同体积的水更多一些。

74. 粘好的盒子

3个盒子可以构造出11种结构：

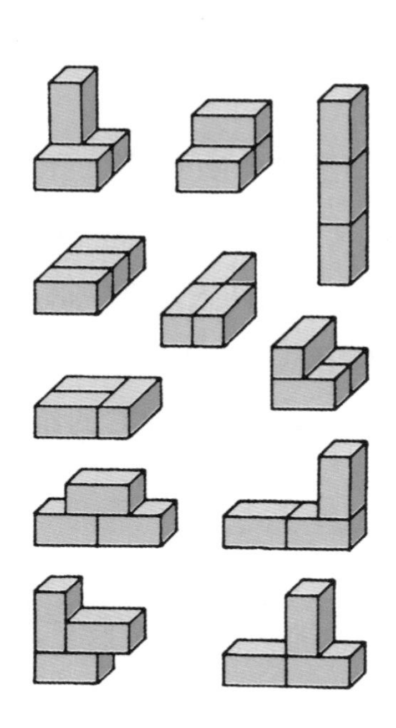

75. 高层次战略

我们可以重新排列和复述这些声明，如下所示：

1. 一个好的战略家是永远不会被打败的。
2. 如果战略家胆大，他就能得到其部队的信任。
3. 如果战略家能得到其部队的信任，他就是一个好的战略家。（如果他是坏的战略家，他们不会信任他。）
4. 战略家如果永远不会被打败，他就不会被愚人鄙视。

因此，如果一个战略家胆大，他就不会被愚人鄙视。

76. 继父圈子

从D夫人讲述的第二条信息中，我们知道A是X的继父（身份待定），X是B的继父。

从她讲述的第一条信息中，我们知道D是Y的继父，Y是Z的继父，Z是E的继父。只有当X是D或E时，D夫人讲述的第二条信息才能成立。

从她讲述的第三条信息中，我们知道C是R的继父，R是S的继父，S是T的继父，T是F的继父。

我们知道D夫人不是C的母亲，因为她们两人正在说话。所以只有一个答案能够符合上面这些信息：A是D的继父，D是B的继父，B是F的继父，F是E的继父，E是C的继父，C是A的继父。

77. 箭头和数

答案是8。每个连接点下方的数是两个水平方向的数之和减去连接点上方的数。

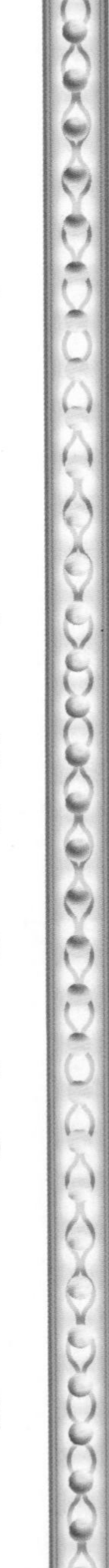

78. 数字网格

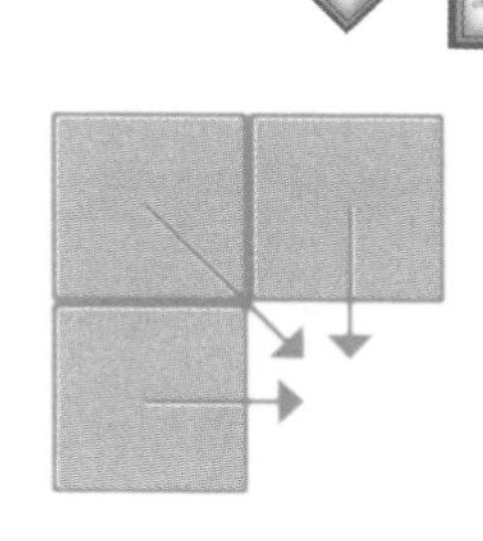

每个数都是它左侧的数、上方的数和左上方的数这3个数的总和。因此，空格中应填写的数是63。

79. 单词的规律

GERMANE：每个单词改一个字母，就可以得到一个国家的英文名称（CHINA, FRANCE, SPAIN, CHILE, CUBA, PERU, GERMANY）。

80. 狗狗和金银花

我们可以对蒂莫西的观点进行重新排序和表述，如下所示：

6. 如果旅馆接纳狗，价格就会高。

3. 如果价格高，食物就会好吃。

1. 如果食物好吃，服务员会很有礼貌。

5. 如果服务员有礼貌，旅馆全年营业。

2. 如果一家旅馆全年营业，它可以看到海景。

7. 如果一家旅馆可以看到海景，就会有游泳池。

4. 如果旅馆有游泳池，墙上就有金银花。

因此，接纳狗狗的旅馆墙上都会有金银花。

81. 时针推理

第二行第三只时钟。有6只时钟的指针都在正确的位置，但是这只时钟的时针位置显示的是“差10分钟就到整点”，而分针的位置显示的是“整点过10分钟”。

82. 趋势识别

627：每个数的首位数字是前一个数的末位数字。

83. 职位逻辑

勒布伦比仓库管理员高，所以他不是仓库管理员或推销员，那么他一定是会计。推销员不是勒布伦，也不是勒努瓦（已婚男子），那么他一定是勒布朗。勒努瓦则是仓库管理员。

84. 棋盘和颜色

4种颜色足以填充一块2×2的正方板，并且在所有相邻的方格中都可以使用不同的颜色：

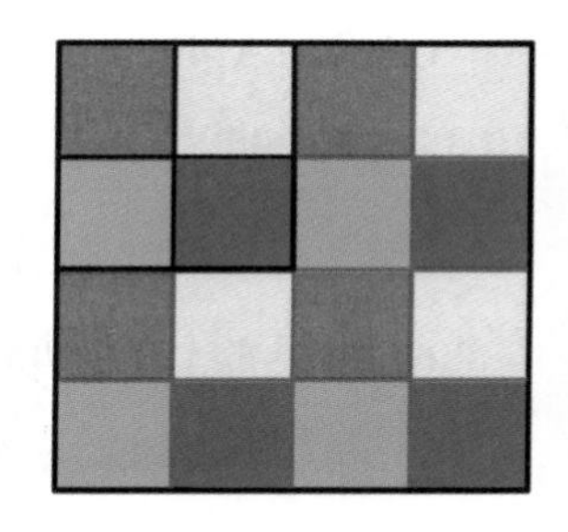

将这样的方格并排放在一起，就会使整个8×8的棋盘里面所有相邻的方格中充满不同的颜色。

85. 骑行顺序

每辆自行车的前轮的轮胎气门嘴都处于不同的位置，按如右图所示的顺序排列，从第二张图起，每张图中的前轮气门嘴的位置都向前旋转大约$\frac{1}{8}$圈。

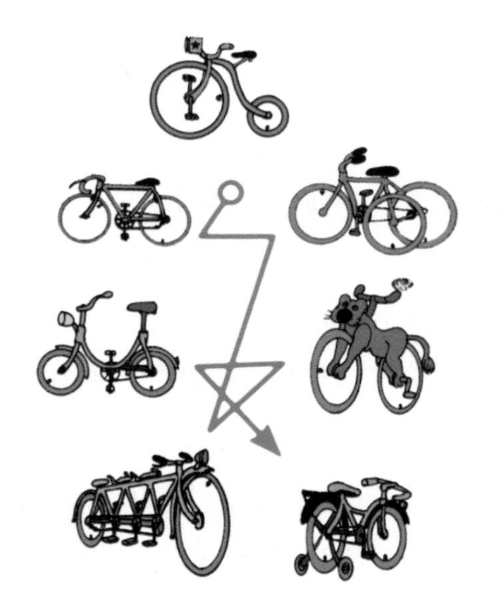

86. 街区推理

如果把最下面的座位让给史密斯，这4个人只能这样坐：

史迈西

普密斯　　史迈斯

史密斯

因此，史迈斯是杂货商，普密斯是鞋匠，史迈西是一个面包师。

87. 马路推理

不合逻辑，因为他说如果汽车有前轮驱动，那么在路上会有很好的抓地力；

如果是这样，它就是重型汽车；

如果是这样，它会有良好的刹车；

如果是这样，它肯定是功率强大的；

但如果是这样的话，那它就很贵。

88. 历史推理

请注意，3个问题的正确答案可以不同。

第一个问题的正确答案是波尔克吗？如果是这样，只有1号学生答对了问题。那么3号和4号学生在最后两个问题中必须各对一个，答案必须是菲尔莫尔或波尔克。但是，5号学生在其中一个问题上也必须是正确的，但是后两个问题他的答案都是泰勒。这种情况是自相矛盾的，所以第一个问题的答案不是波尔克。

那么第一个问题的答案是菲尔莫尔吗？如果是这样，通过对1号和2号学生的答案进行类似的推理，可知最后两个答案肯定是波尔克或泰勒；但6号学生最后两题都回答了菲尔莫尔。这还是一种自相矛盾的情况。通过排除法可知，第一个问题的正确答案是泰勒。

同理，第二个问题的答案是菲尔莫尔，第三个问题的答案是泰勒。

89. 船、鱼和真相

A艾尔提到了他自己的船，所以苏茜Q号和海鸥号确实都有收音机，而且苏茜Q号和海鸥号也不属于他。

C克劳德却说海鸥号是A艾尔的，说明他说的话是错误的，所以海鸥号不可能属于C克劳德。

同样，D迪恩也不可能拥有海鸥号或玛丽珍号。那么只有B伯特可以拥有海鸥号。

因为和A艾尔一样，B伯特提到3艘船装有收音机，所以B伯特的话是真的，所以C克劳德的船上确实有一台收音机。按照A艾尔的说法，C克劳德拥有的是苏茜Q号。

由于玛丽珍号不属于D迪恩，所以只有大人物号是D迪恩的船，玛丽珍号是A艾尔的船。

90. 符号

想象一下，这个正方形可以被分割成4个2×2的方块。这些方块的对角线上有意义相反的符号：

- 正—负；
- 实心圆—空心圆；
- 黑色方块—白色方块等。

缺少的符号是一个向下的箭头。

91. 有序排除

任何细节都不可能有超过一位证人的描述是正确的，否则肯定会有另一个细节未被证人正确描述。因此，罪犯没有戴帽子。主管在这一点上是正确的，因此对其他一切描述都是错误的，所以罪犯没有穿背心，个子不高，眼睛也不是灰色的。因此，警卫唯一正确的细节描述就是蓝色眼睛。收银员的正确细节描述是抢劫犯个子矮小；秘书的正确细节描述是他穿了一件雨衣。

因此，罪犯长着蓝眼睛，个子矮小，穿着雨衣，没有戴帽子。

92. 探寻真相

这3个居民不可能都来自平原，也不可能都来自山区，否则所有的答案都会是一样的。

会不会有两个居民来自山区，一个来自平原？不会，因为这样的话，他们都会对第二个问题回答“是”。因此，有两个居民来自平原，一个来自山区。他们都对第一个问题回答“不是”。对于第二个问题，来自平原的居民会回答“不是”，而来自山区的居民会回答“是”。因为只有一人对第二个问题回答了“Nml”，所以“Nml”的意思是“是”。

那么“Gzb”的意思是“不是”。

93. 电流逻辑

在地下室，蒂莫西先把3根电线中的任意两根系在一起，给空闲的另一根电线贴上标签A。上到阁楼以后，蒂莫西用电

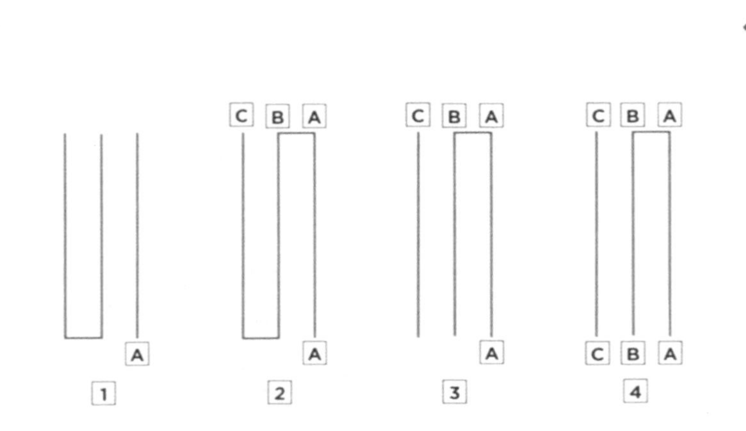

表测试每对电线，即3个所有可能的配对。电流能够通过的那对电线就是在地下室时系在一起的那对。而剩下的那根电线就是A的另一端，必须贴上标签A。然后，蒂莫西把A系在这对电线中的随机一根电线上，并给这根电线贴上标签B，再给第三根电线贴上标签C。回到地下室后，蒂莫西解开那两根电线，并用电表再次测试了电线的所有3个可能的配对。有电流通过的那对电线就是在阁楼上系在一起的那对。这对电线当中没有标签A的那根电线必须贴上标签B。最后在第三根电线的地下室一端贴上标签C。

94. 行走的皇后

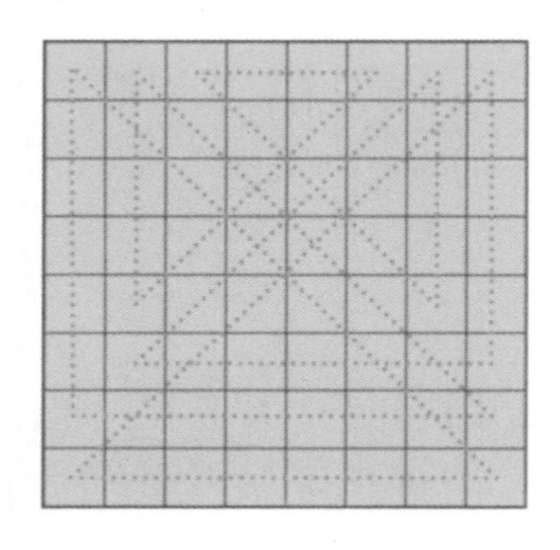

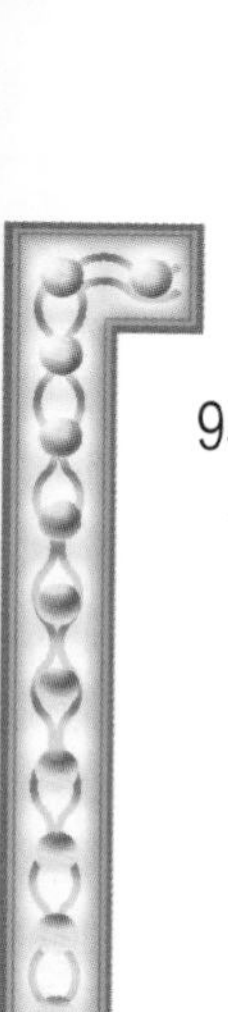

95. 平局的选举

让我们来考虑一下A安东尼的具体情况。他不能投票给自己，他将会把票投给那个给自己左侧邻座投票的人。

A安东尼不能投票给B伯纳德，因为B伯纳德是A安东尼的左侧邻座，这意味着A安东尼也必须投票给自己，这是自相矛盾的。

A安东尼不能投票给C克劳德，否则C克劳德的票必然已经投给了A安东尼的左侧邻座B伯纳德，B伯纳德必然已经投票给了D大卫，D大卫必然已经投票给了C克劳德，C克劳德必然已经投票给了E埃德温，这是自相矛盾的。

A安东尼不能投票给E埃德温。否则E埃德温必然已经投票给了B伯纳德，B伯纳德必然已经投票给了A安东尼，A安东尼必然已经投票给了C克劳德，这是自相矛盾的。

A安东尼只能投票给D大卫，D大卫投票给B伯纳德，B伯纳德投票给E埃德温，E埃德温投票给C克劳德，C克劳德投票给A安东尼。

96. 锁和钥匙

3把锁和3把钥匙就够了。让我们将钥匙编号为A、B和C。假设：

第一个合伙人分配到钥匙A和B；

第二个合伙人分配到钥匙B和C；

第三个合伙人分配到钥匙C和A；

现在每个合伙人只有3把钥匙中的两把。每个人都不能独自开门，但可以在其他任何一个合伙人的帮助下打开库门。

97. 诗人和哲学家

从第二种说法来看，哲学家是凡人（否则他们会对哲学一无所知）。

既然第四种说法为“所有凡人都是诗人”，那么哲学家也是诗人。

结合第三种说法考虑，因为没有诗人实践数学，所以也没有哲学家实践数学。

那么一位数学家不可能是哲学家，这与第一种说法矛盾。综上所述，这些说法在逻辑上是不一致的。

98. 挑选厨师

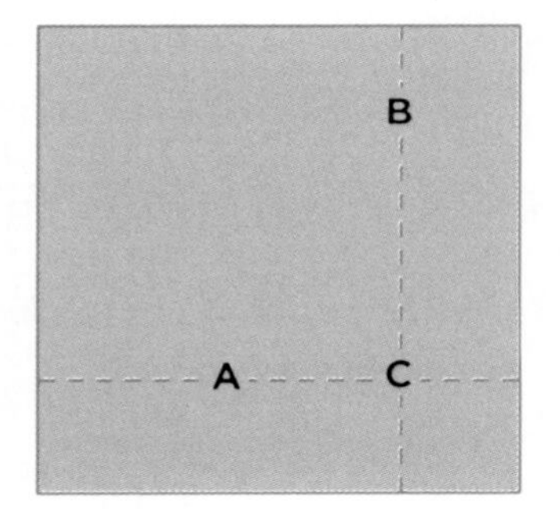

假设A是第一次选出的厨师，B是第二次选出的厨师。

如果A和B在同一行，肯定是A更高一些。同样地，如果A和B在同一列中，B会更矮一些。如果他们不在相同的行和列中，那么让C作为A所在行和B所在列中的志愿者。C会比A矮，但会比B高。

所以A总是比B高。

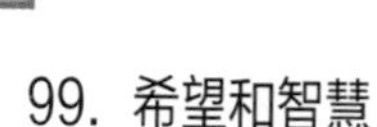

99. 希望和智慧

暴力伴随着无能，无能排斥智慧，没有智慧就没有知识，因此也就不会有希望。

100. 几何分割

用1×3的多米诺骨牌完全覆盖一个缺了两个角的8×7的矩形区域是不可能实现的。

让我们把这个矩形中的单元正方形用3个符号（方块、菱形和圆圈）交替填充，这样相邻的两个正方形就不会有相同的符号。

每当放置多米诺骨牌时，都会同时覆盖3个不同的符号。要用多米诺骨牌覆盖整个图形，每个符号的数量必须相同。但是如图所示，我们只能得到19个方块，18个圆圈和17个菱形。

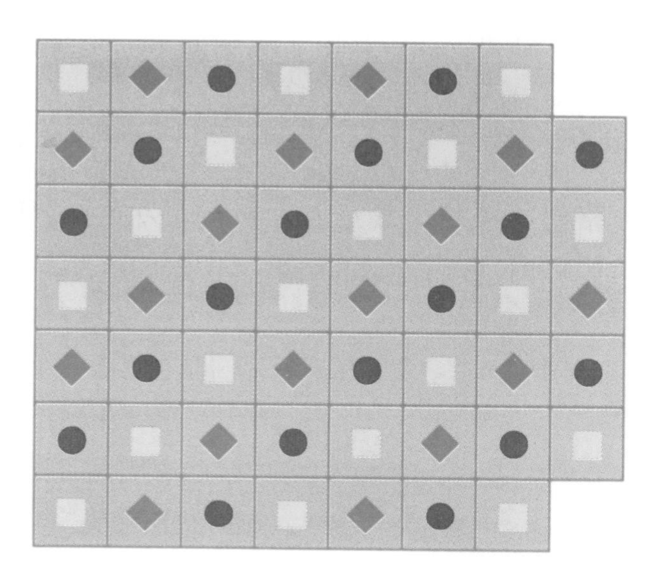

101. 蓝点黄点

21和14并不是随意引入的数字；它们都是7的倍数，建议用一个七角形各顶点间的交叉连线来构造解决方案，使21个点分布对齐在14条直线上，每条线上有2个蓝点和2个黄点。

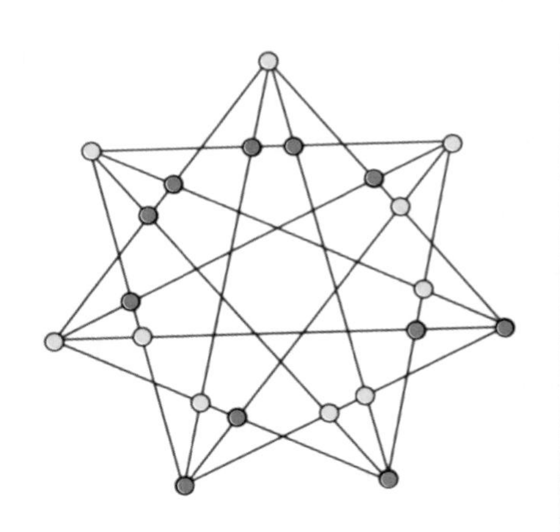

102. 晚会搭配

伊丽莎白的丈夫肯定不是亨利，也不可能是罗杰或彼得，因为罗杰和彼得没有跳舞，所以伊丽莎白的丈夫是路易斯。同样，亨利的妻子也不是伊丽莎白，也不是安妮，也不是玛丽。和亨利结婚的是珍妮。

而在未确定的彼得和罗杰中，由于安妮的丈夫不是彼得，所以只能是罗杰。所以罗杰的妻子是安妮。

103. 方格逻辑

19：每个方格中的数是用其左上方和右上方相连数的乘积，减去正上方相连数而得到的结果。

Sherlock Holmes Puzzles:
Math & Logic Games:
Over 100 Challenging Cross-Fitness Brain Exercises
By Pierre Berloquin

First published in 2020 by Wellfleet, an imprint of The Quarto Group